Langenscheidt

Abitur-Training *plus*

Biologie

Ökologie

Reiner Kleinert
Wolfgang Ruppert
Franz X. Stratil

plus Online-Test- und Trainingscenter

Langenscheidt

Die Autoren:

Reiner Kleinert, Oberstudienrat für Biologie
Wolfgang Ruppert, Oberstudienrat für Biologie
Franz X. Stratil, Studiendirektor für Biologie

Projektmanagement: Dorothea Leiser, Langenscheidt GmbH & Co. KG, München
Layout: Franzis print & media GmbH, München
Illustrationen: Udo Kipper, Darmstadt
Covergestaltung: KW 43 BRANDDESIGN, Düsseldorf
Coverfoto: © Moritz Wussow, fotolia.com

www.langenscheidt.de
www.langenscheidt.de/training-plus

Satz: Franzis print & media GmbH, München
Druck und Bindung: Stürtz GmbH, Würzburg

ISBN 978-3-468-60102-6

13010

Inhalt

0 Das Online-Test- und Trainingscenter

Langenscheidt Abitur-Training *plus* ist mehr als ein Buch. Es ist gleichzeitig ein Test- und Trainingscenter im Internet mit vielen weiteren Tests und Übungen. Diese optimale Lernkombination hilft Ihnen, Ihr Biologie-Wissen zu überprüfen und zu festigen.

Und so funktioniert's:

1. Verstehen und lernen mit dem Buch

Dieser Band bietet Ihnen eine **praxisnahe und besonders leicht nachvollziehbare Darstellung des Unterrichtsstoffes**, damit Sie ein Verständnis für die Zusammenhänge entwickeln und sich selbstständig auf Ihre Prüfungen vorbereiten können. Daher gibt es im Buch auch zahlreiche **typische Aufgaben**, natürlich mit ausführlichen **Lösungen**.

2. Das Gelernte online testen

- Den **Zugang zum Online-Test** finden Sie immer am Kapitelende in dem blauen Kasten. Gehen Sie auf **www.trainingplus-schule.de** und tippen Sie dort den entsprechenden Benutzernamen und das Passwort ein. Sie brauchen sich nicht zu registrieren, Sie müssen also Ihren Namen und Ihre E-Mail-Adresse nicht angeben.*

* Wenn Sie es ganz genau wissen wollen: Das Online-Test- und Trainingscenter zu „Training *plus*" legt einen Cookie auf Ihrem Computer ab, der aber nach dem Ausloggen wieder gelöscht wird. Dazu müssen in Ihrem Browser Cookies aktiviert sein. Weder Ihre Daten noch Ihre Ergebnisse werden gespeichert.

- Und los geht's mit dem **Abschlusstest** zu dem Kapitel, das Sie gerade im Buch bearbeitet haben.

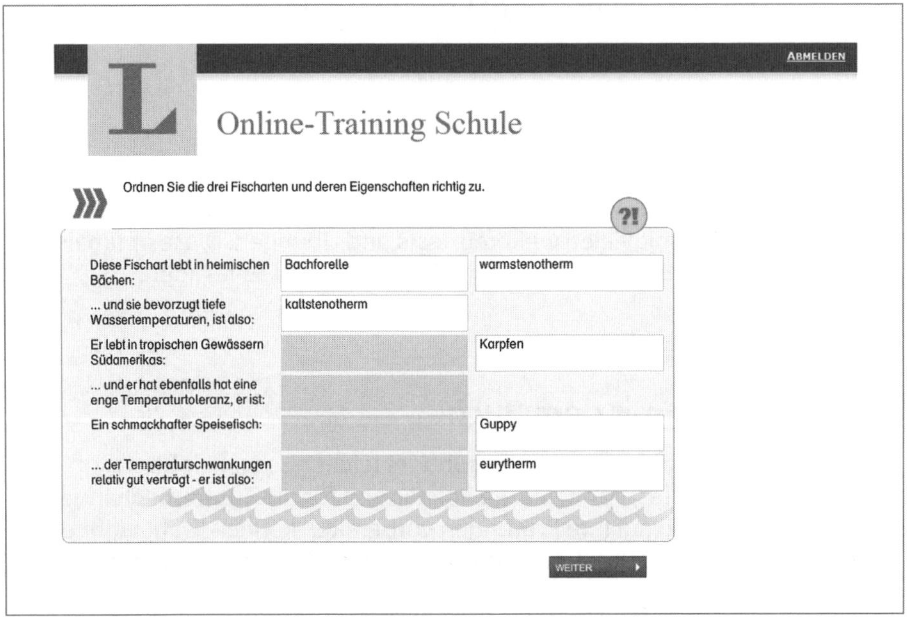

- Wenn Sie den Test abgeschlossen haben, bekommen Sie das **Ergebnis** sofort mit einer Ampel angezeigt.
  Sie haben **grünes Licht**? Gratulation!
  Sie haben **gelbes Licht** oder vielleicht einen schlechten Tag mit **roter Ampel** erwischt? Dann sollten Sie dranbleiben …

3. Online trainieren mit abwechslungsreichen interaktiven Übungen

- Je nach Testergebnis bekommen Sie im Online-Test- und Trainingscenter passende Aufgaben vorgeschlagen.
- Danach können Sie den Test nochmals machen – bestimmt mit besserem Ergebnis!

Viel Erfolg beim Lernen mit Buch *plus* Internet und bei Ihren Prüfungen
wünschen Ihnen die Autoren
und das Team „Training plus" von Langenscheidt

PS: Der Zugriff auf das Online-Test- und Trainingscenter zu diesem Buch ist für Sie natürlich kostenlos. Er ist gewährleistet bis 2017.

A Einführung

1. Was ist Ökologie?

Eine der atemberaubendsten Landschaften auf der Erde ist das Gebiet der Glacier Bay im Südosten Alaskas.

Abb. 1
Glacier Bay

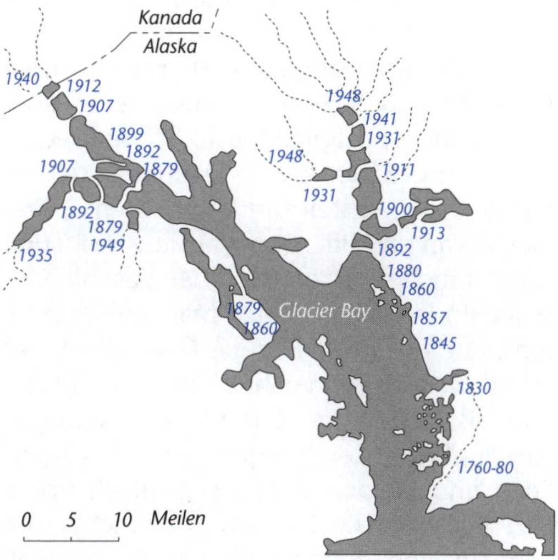

Abb. 2
Eisrückzüge in der Glacier Bay von Alaska

Die ganze Bucht war im Jahre 1794 bei der Ankunft des britischen Forschers George Vancouver vollständig mit Eis bedeckt, sodass man nicht in sie hineinsegeln konnte. Seit jener Zeit sind die Gletscher in diesem Gebiet um etwa 70 Kilometer zurückgewichen, und Schiffsausflüge in die fjordartige Landschaft gehören zu den Höhepunkten einer Alaskareise *(vgl. Abb. 1 und 2)*.

In den Buchten, in denen die Gletscher nicht als spektakulärer Eisbrüche direkt ins Meer münden, haben sie sich zum Teil über weite Strecken ins Landesinnere zurückgezogen und man kann von ihrem Eisrand talabwärts Richtung Meer wandern. Dann erlebt man auf engem Raum, wie das zuvor eisbedeckte Gelände schrittweise vom Leben zurückerobert wird und die Landschaft sich eindrucksvoll verändert.

Direkt nach dem Gletscherrand ist der gerade erst freigegebene felsige und steinige Untergrund vollkommen kahl, es ist mit bloßem Auge kein Leben zu erkennen. Dass sich aber auch hier nach und nach ein üppiger Bewuchs ausbilden wird, erkennt man, wenn man weiter wandert. Zunächst trifft man auf Flechten und Moose und kommt dann in einen Bereich, der schon zwanzig Jahre zuvor vom Gletscher freigegeben worden ist. Hier gedeiht bereits eine große Vielfalt an Pflanzen: grüne Moosflecken, Schachtelhalme, Zwergweidenröschen, Weidenbüsche, kleine Pappeln und Erlen und sogar hier und da ein paar Fichten. Alle diese Gewächse, die es geschafft haben, auf dem unfruchtbaren Boden zu wachsen, nachdem der Wind ihre Sporen oder Samen hergeweht hatte, spielen als Pionierpflanzen eine wichtige Rolle; denn nur dank dieser Vorhut können sich hier andere Pflanzen und dann auch Tiere ansiedeln. Einige Pflanzen sind Lebensraum für Vögel und Insekten; die Insekten locken wiederum mehr Vögel an. Es wird nicht mehr lange dauern, bis die unterschiedlichsten Säugetiere Fuß fassen können: Wühl- und Spitzmäuse, Schneeziegen, Kojoten und Bären. Die Vögel und Säugetiere reichern den Untergrund mit ihren Exkrementen an und Pflanzen wie Silberwurz und Erlensträucher tragen dazu bei, dass sich frischer Boden bildet. Setzt man die Wanderung in das tiefer gelegene Gebiet fort, das schon weitere zehn Jahre länger vom Gletschereis befreit worden war, so springen einem etliche Neuerungen sofort ins Auge: Erlen und Weiden wachsen deutlich höher und sie werden noch überragt von schlanken Pappeln, von denen einige sogar so groß sind, dass Weißkopfseeadler ihre Horste darin bauen können. Wenn man noch weiter in das immer länger eisfreie Tal hinabwandert, stößt man auf die anspruchsvolleren Sitkafichten und Hemlocktannen. Einst blanker Fels, jetzt dichter Wald!

Als Wanderer findet man am Anfang also noch sehr überschaubare Verhältnisse vor – nämlich nur blanken Felsen. Nach einer kurzen Wegstrecke kann man einige Pflanzenarten entdecken, über die man selbst als botanischer Laie noch gut einen Überblick bewahren kann. Mit zunehmender Entfernung vom Gletscherrand wird aber die Artenfülle aus Pflanzen und Tieren immer unübersichtlicher, die mögliche Wechselbeziehung zwischen den verschiedenen Organismen und ihrer Umwelt immer umfangreicher – die Zusammenhänge insgesamt sind nun sehr komplex.

Die Forschungsreisen von Zeitgenossen VANCOUVERS wie z.B. die Südamerikaexpedition A. VON HUMBOLDTS von 1799–1804 oder die fünfjährige Reise CHARLES DARWINS auf der „Beagle" brachten zahlreiche neue wissenschaftliche Erkenntnisse. Die ganze Fülle der Wechselwirkungen zwischen den Organismen und ihrer Umwelt wurde nun bewusst erfasst.

1866 schlug E. HAECKEL erstmals den Begriff **Ökologie** für die Wissenschaft vor, die sich mit dem Haushalt der Natur („Oeconomie der Natur") befasst.

Definition

Ökologie* ist die Wissenschaft, die sich mit den **Wechselbeziehungen zwischen den Organismen und ihrer Umwelt** befasst.

Die Ökologie wird in verschiedene Teilgebiete untergliedert:

Die **Autökologie*** befasst sich mit den Umwelteinflüssen auf die Individuen einer Art.

Die **Demökologie*** (**Populationsökologie***) untersucht die Wechselbeziehungen zwischen artgleichen Lebewesen.

---

* Begriffe mit Sternchen werden im Glossar am Ende des Buches erläutert.

Die **Synökologie*** beschäftigt sich mit den Beziehungen von verschiedenen Populationen untereinander.

Wie der Aufgabenbereich der Ökologie im Gesamtgefüge der Biologie abgegrenzt wird, zeigt Abbildung 3:

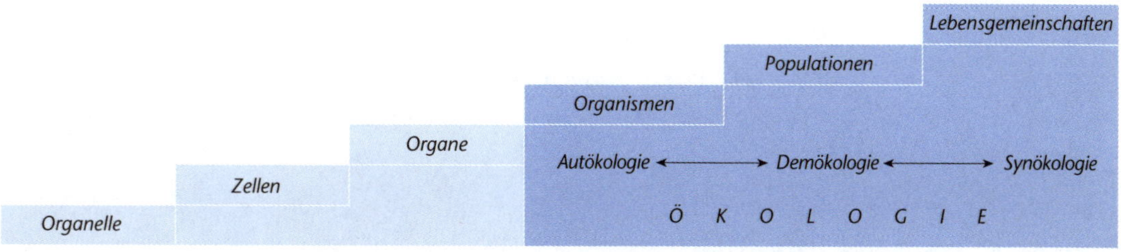

Abb. 3
Überblick über die biologischen Organisationsstufen

2. Was ist Umwelt?

Der Begriff „Umwelt" ist heutzutage in aller Munde. Allerorten stößt man auf Wortzusammensetzungen wie Umweltbelastung, Umweltberater, Umweltengel, Umwelterziehung, Umweltforschung, Umweltkonferenz, um nur eine kleine Auswahl zu nennen. Jedermann benützt das Wort, doch was bedeutet es eigentlich?

In die Naturwissenschaft wurde das Wort eingeführt durch Jakob von Uexküll. Dieser bedeutende Biologe lieferte 1921 eine für das Leben der Tiere gültige Definition. Danach ist **Umwelt** der biologisch bedeutsame Ausschnitt aus der Umgebung, der sich aus Merkwelt und Wirkwelt zusammensetzt.

Zur **Merkwelt** gehören alle Eigenschaften und Bestandteile (Merkmale) der Umgebung, die ein Tier mit Hilfe seiner Sinnesorgane wahrnehmen (bemerken) kann. Die **Wirkwelt** ist die Gesamtheit der Umgebungsfaktoren, auf die ein Tier aktiv einwirkt. Ein und dieselbe Umgebung „liefert" damit ganz unterschiedliche Umwelten – je nachdem, welches Tier sie wahrnimmt. Streift eine Katze über eine Wiese, so wird zu ihrer Merkwelt und in diesem Fall auch Wirkwelt wohl die Maus gehören, während eine umherfliegende Biene ihre Umwelt vermutlich überwiegend aus den Blüten „aufbaut" *(vgl. Abb. 4)*.

Ähnliches gilt z. B. auch für eine Eule und eine Fledermaus, die sich zeitgleich in derselben Umgebung aufhalten. Während zur Merkwelt des Nachtgreifvogels Eindrücke beitragen, die seine guten Augen und sein ausgezeichnetes Gehör liefern, spielt für das Fledertier die Echo-Ortung die entscheidende Rolle. Während die Eule ihre Wirkwelt vor allem in kleinen Nagern auf dem Boden findet, fängt die Fledermaus hauptsächlich Insekten aus der Luft. Die beiden nachtaktiven Räuber halten sich zwar in derselben Umgebung auf, „konstruieren" sich aber je ihre eigene Umwelt.

Die Tatsache, dass Schleiereulen nicht selten auch Fledermäuse aus der Luft heraus fangen, deutet schon an, dass alles noch komplizierter ist. Der Umweltbegriff von Üexkülls stellt sich als zu eng gefasst heraus. Er ist z. B. unbrauchbar, um die Umwelt von Pflanzen zu beschreiben. Wir können uns bei ihnen eine Merkwelt und Wirkwelt schwerlich vorstellen. Und er bezieht Dinge nicht ein, die aus der Umgebung entscheidend auf die Organismen einwirken, ohne direkt bemerkt zu werden oder eine Aktivität zu bewirken. So würde z. B. die Temperatur, von deren Höhe es abhängt, ob sich ein Engerling (Maikäferlarve) in drei oder vier Jahren zum aus-

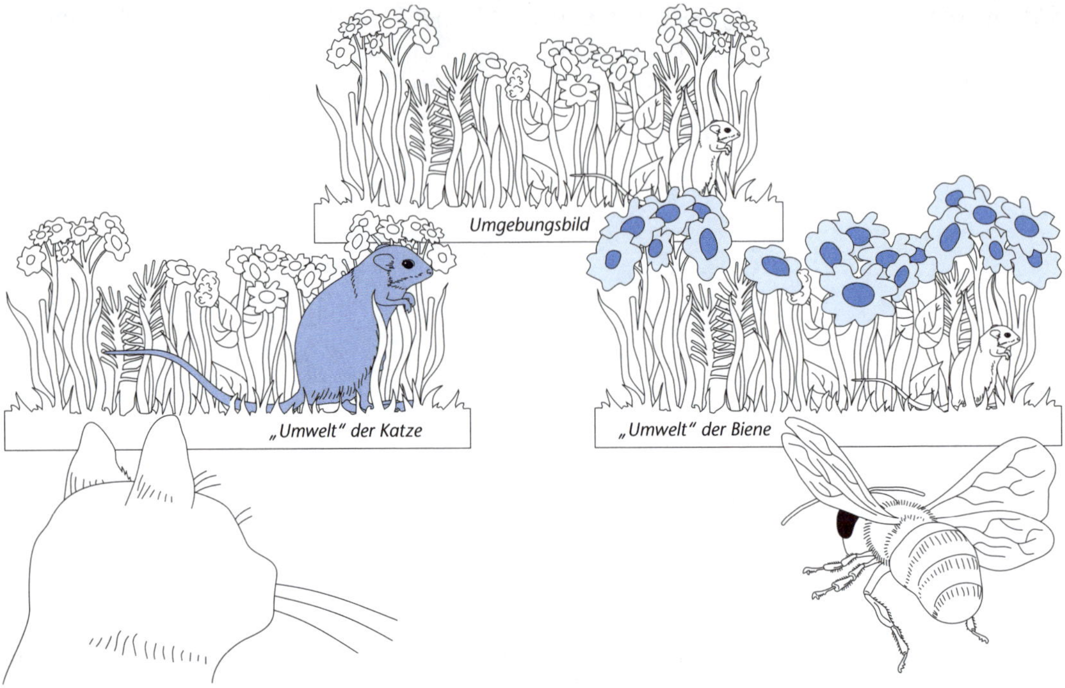

Abb. 4
Gleiche Umgebung – verschiedene Umwelt

gewachsenen Maikäfer entwickelt, nach ÜEXKÜLLS Definition gar nicht zu dessen Umwelt gehören.

Aus solchen Erwägungen heraus wurde die Definition von Umwelt erweitert. Dabei war es aber nicht möglich, eine Festlegung zu finden, die für alle Beziehungen gelten könnte, die zwischen Lebewesen und ihrer Umgebung bestehen können. Vielmehr gibt es eine Abstufung – je nachdem, unter welchem Gesichtspunkt die Umwelt eines Organismus betrachtet wird.

Die **psychologische Umwelt** entspricht den Teilen der Umgebung, die ein Tier bemerkt und mit denen es in Beziehung tritt.

Die **minimale Umwelt** ist der Komplex der für eine Art lebensnotwendigen Faktoren.

Die **physiologische Umwelt** umfasst alle direkt aus der Umgebung einwirkenden Faktoren.

Die **ökologische Umwelt** besteht neben den direkten Einflüssen auch aus den indirekten Einflüssen der Außenwelt.

Die **kosmische Umwelt** ist die Gesamtheit der im Weltzusammenhang auf ein Lebewesen einwirkenden Faktoren.

Aufgabe

A01 Versuchen Sie, die folgenden Phänomene den fünf Definitionen zuzuordnen:

a) Die Entwicklung von Blattläusen in Europa wird durch eine Trockenzeit im Frühjahr begünstigt. Die Trockenzeit ist abhängig von atmosphärischen Vorgängen in anderen Weltgegenden.

b) Der Bestand an Weißbartgnus in der Serengeti wird durch die Zahl der Raubtiere beeinflusst.

c) Der in den USA heimische Baumwollkapselkäfer wird u.a. von einem Raubinsekt gejagt, das seinerseits von 12 Parasiten befallen werden kann.

d) Eichhörnchen benagen Nüsse.

e) Der Rasen in Wimbledon muss regelmäßig bewässert werden.

Die bisher angeführten Beispiele zeigen schon, dass auf einen Organismus zahlreiche verschiedene Einflüsse einwirken. Üblicherweise werden diese Faktoren eingeteilt nach ihrer Art und Herkunft.

Man unterscheidet
- **abiotische*** **Faktoren** (stammen aus der unbelebten Umwelt) und
- **biotische*** **Faktoren** (stammen aus der belebten Umwelt).

Lösung Seite 103

Abhängigkeit der Lebewesen von abiotischen und biotischen Faktoren

1. Abiotische Faktoren

Abb. 5
Abiotische Faktoren: Lebewesen in unbelebter Umwelt

1.1 Temperatur

Die auf der Erde gemessenen Rekordtemperaturen liegen über +50°C in Wüstengebieten und unter –80°C in Nordostsibirien und der Antarktis. Die Temperatur kann sowohl im Tagesverlauf als auch im Ablauf eines Jahres stark schwanken. Ihre Einwirkung auf Organismen wollen wir an einigen Beispielen exemplarisch belegen.

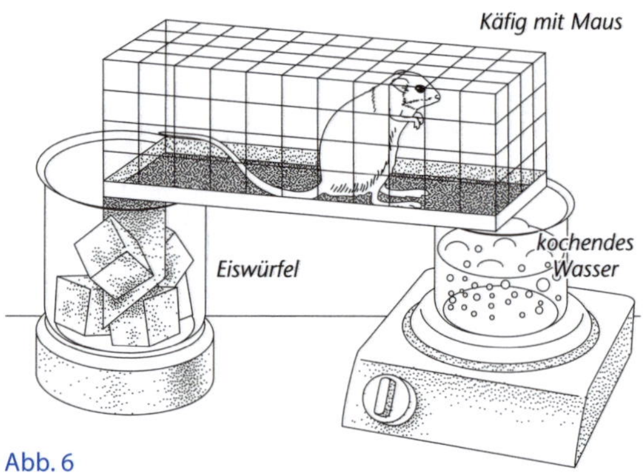

Abb. 6
Temperaturorgel

1.1.1 Temperaturoptimum

Im Laboratorium lässt sich das Aufsuchen eines bestimmten Temperaturbereichs experimentell bestimmen. Man verwendet dazu eine Apparatur, die als Temperaturorgel bezeichnet wird. Dabei kann es sich z. B. um einen langen schmalen Käfig handeln, dessen Boden aus einem Metallstreifen besteht, der an einem Ende erwärmt, am anderen Ende gekühlt wird *(vgl. Abb. 6)*. Auf diese Weise entsteht ein gleichmäßiges Temperaturgefälle.

In eine Temperaturorgel kann man z. B. Käfer oder Asseln einbringen und beobachten, wie sie sich auf dem Boden verteilen. Oder man kann Kleinsäuger, z. B. Mäuse, hineinsetzen und dann beobachten, wo sie sich jeweils wie lange aufhalten. Das Ergebnis eines solchen Experiments veranschaulicht Abbildung 7. Es zeigt sich, dass die Mäuse eine bestimmte Temperatur bevorzugen.

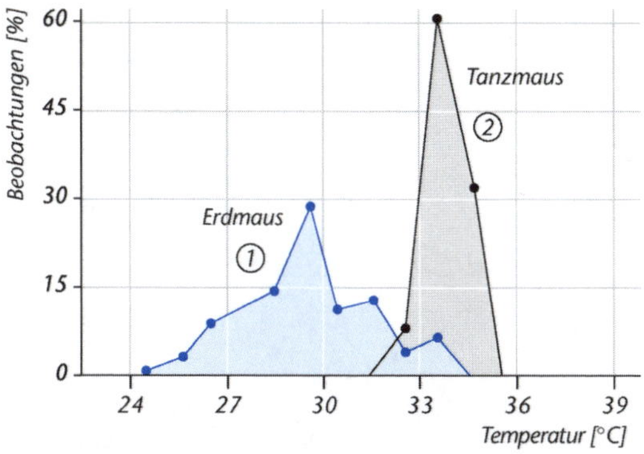

Abb. 7
Verteilung von ① Erdmaus (Pitymys savii) und ② Tanzmaus (Mus wagneri) in einem Temperaturgefälle

Entsprechende Untersuchungen wurden für zahlreiche Organismen durchgeführt. Es zeigte sich, dass die Vorzugstemperatur je nach Entwicklungsstand und Alter oder auch nach Tages- bzw. Jahreszeit schwanken kann. In anderen Experimenten wurden die Grenzen des Temperaturbereichs ermittelt, innerhalb derer eine Art gedeihen kann. Ein Beispiel hierfür ist die obere und untere Grenztemperatur, ab der ein Insekt keine Eier mehr legt. Es wurde aber auch festgestellt, dass nicht die Temperatur zum Zeitpunkt der Eiablage entscheidend ist, sondern die Temperatur am Tag zuvor, als die Eier noch reifen mussten. Hier wird erneut deutlich, dass ökologische Zusammenhänge generell sehr komplex sind. Wir werden deshalb den Temperatureinfluss im Folgenden grob schematisch darstellen und uns auf wesentliche Grundprinzipien beschränken.

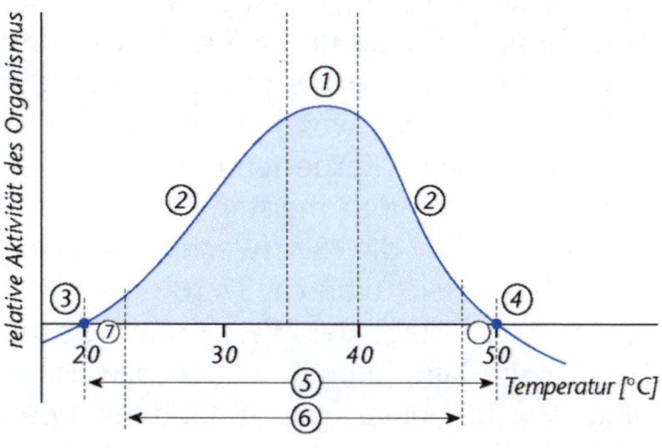

Abb. 8
Abhängigkeit der Intensität der Lebensvorgänge von der Körpertemperatur

Für jede Art gibt es ein **Temperaturoptimum**, bei dem sie am besten gedeiht ①. In diesem Bereich haben Temperaturänderungen nur geringe Auswirkungen auf die Lebensvorgänge. Außerhalb dieses Bereichs führen hingegen schon kleine Temperaturänderungen zu starker Beeinträchtigung der Aktivität ②. Jenseits eines **Temperaturminimums** ③ und eines **Temperaturmaximums** ④ kann die Art nicht existieren. Diese beiden Kardinalpunkte begrenzen den **Toleranzbereich** ⑤, den Bereich, in dem eine Art lebensfähig ist.

Dabei kann sie sich im Bereich ihrer **ökologischen Potenz** ⑥ fortpflanzen, im Bereich des **Pessimums*** hingegen nicht ⑦. Die Lage des Optimums und des Toleranzbereichs kann sehr verschieden sein, wie z. B. bei einigen Süßwasserfischen *(vgl. Abb. 9)*.

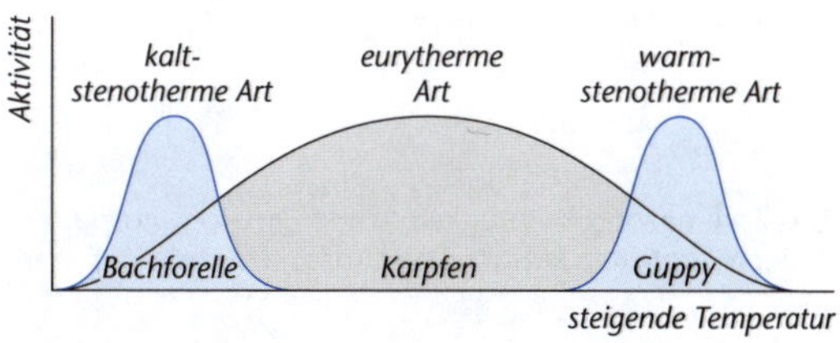

Abb. 9
Verschiedene Optima und Toleranzbereiche

Karpfen weisen eine sehr weite Temperaturtoleranz auf, sie sind **eurytherm***. Die Bachforelle als Kaltwasserfisch und der Guppy als Warmwasserfisch hingegen können nur in einem jeweils engen Temperaturbereich existieren, sie sind **stenotherm***.

Hinsichtlich der Umwelttoleranzen allgemein, die ja auch für andere abiotische Faktoren gelten können, spricht man auch von **Euryökie** und **Stenökie**.

Rekordhalter hinsichtlich des Temperaturmaximums findet man bei den Archaebakterien. So gedeihen z. B. Bakterien der Gattung *Sulfolobus**, die man in heißen Schwefelquellen findet, noch bei 90°C!

---

* Begriffe mit Sternchen werden im Glossar am Ende des Buches erläutert.

1.1.2 RGT-Regel

Innerhalb ihres Toleranzbereiches können Lebewesen existieren, allerdings unterschiedlich gut. Misst man etwa die Entwicklungsgeschwindigkeit und die Entwicklungsdauer der Puppen der berühmten Fruchtfliege *Drosophila* bei verschiedenen Temperaturen, so ergibt sich folgende Beziehung *(vgl. Abb. 10)*:

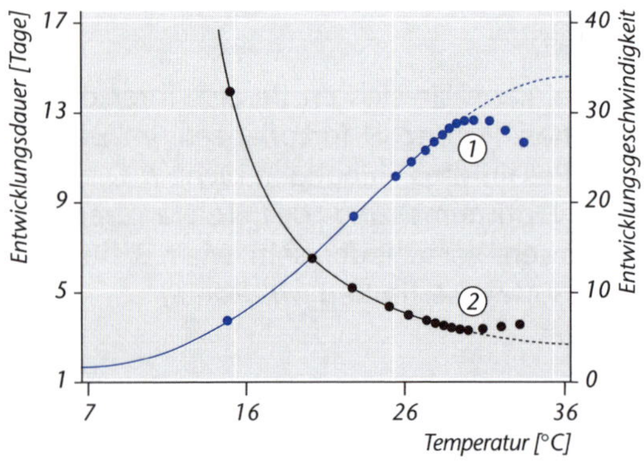

Abb. 10
Entwicklungsgeschwindigkeit ① und Entwicklungsdauer ② der männlichen Puppen von Drosophila melanogaster

Je höher die Temperatur ist, desto größer ist also die Entwicklungsgeschwindigkeit. Diese Beziehung entspricht den Verhältnissen, die für chemische Reaktionen gelten: Bei einer Temperaturerhöhung um 10°C steigt die Geschwindigkeit einer Reaktion um das Zwei- bis Dreifache. Dieser Zusammenhang ist als **R**eaktions-**G**eschwindigkeits-**T**emperatur-Regel (kurz: **RGT-Regel**) bekannt. Sie gilt weitgehend auch für die physiologisch-chemischen Abläufe in den Körpern von Organismen. Eine Einschränkung besteht darin, dass die biochemischen Abläufe von Enzymen katalysiert werden und diese aufgrund ihrer Proteinnatur sehr temperaturempfindlich sind.

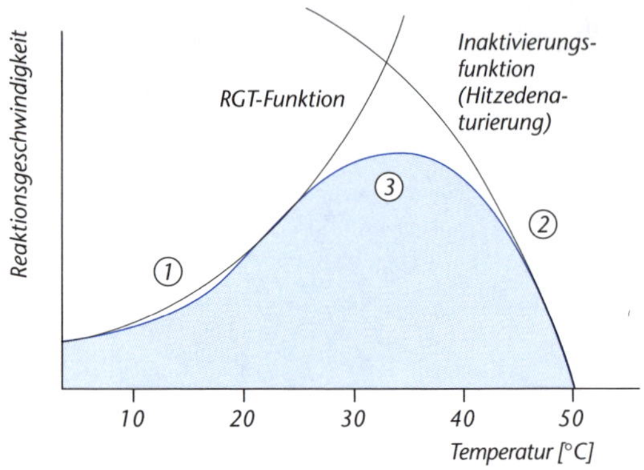

Abb. 11
Temperaturabhängigkeit der Enzymaktivität, dargestellt als Resultierende aus zwei gegenläufigen Funktionen

① Mit zunehmender Temperatur erhöht sich die Reaktionsgeschwindigkeit (RGT-Regel).

② Ab einer bestimmten Temperatur sinkt die Reaktionsgeschwindigkeit infolge der Hitzedenaturierung der Enzyme.

③ Aus der Überlagerung dieser beiden Effekte ergibt sich ein Temperaturoptimum, das z.B. für den menschlichen Organismus bei 37°C liegt.

1.1.3 Wechselwarme und gleichwarme Tiere

Ein Tierfilmer wird rund um die Welt in freier Wildbahn Säugetiere und Vögel aufnehmen können, ganz egal, ob er in den warmen Süden oder in den kühlen Norden zieht. Möchte er dagegen Reptilien oder Amphibien vor die Linse bekommen, wird er sich z.B. in Nordskandinavien vergeblich bemühen. Dort ist es für Kriechtiere und Lurche zu kalt, da sich ihre Körpertemperatur mit der Umgebungstemperatur ändert. Vögel und Säugetiere haben hingegen eine von der Außentemperatur weitgehend unabhängige, konstante Körpertemperatur. Diese bewegt sich bei den meisten Säugern und Vögeln im für die Stoffwechselvorgänge optimalen Bereich von ca. 37/38°C. Bei kleineren Vögeln liegt der Wert höher. Gegen Auskühlung hilft ihnen ihr Feder- bzw. Haarkleid als Teil einer gut funktionierenden Wärmeisolierung.

Gleichwarme (homoiotherme*) **Tiere** – das sind nur Säugetiere und Vögel – können ihre Körpertemperatur unabhängig von der Umgebungstemperatur relativ konstant halten.

Wechselwarme (poikilotherme*) **Tiere** – das sind alle anderen – können ihre Körpertemperatur hingegen nicht unabhängig von der Umgebungstemperatur konstant halten. Sie schwankt vielmehr mit der Umgebungstemperatur.

Aufgabe

B01 Eine Eidechse lässt sich in den Morgenstunden leicht mit der Hand einfangen. Nachmittags bewegt sie sich allerdings so flink, dass sie kaum in die Finger zu bekommen ist. Finden Sie eine Erklärung für dieses Phänomen.

1.1.4 Auswirkungen der Temperatur auf körperliche Merkmale

Viele Tierarten sind über weite geografische Bereiche verstreut. In verschiedenen Regionen ihres Verbreitungsgebietes können unterschiedliche Temperaturverhältnisse herrschen, die auf Dauer auf die Tiere einwirken. So ist z.B. die Eisvogelart *Chloroceryle americana* sowohl in Mittel- als auch in Südamerika anzutreffen. Messungen der Körpergröße ergaben ein charakteristisches Ergebnis:

Gebiet	Breitengrad	Flügellänge mm
Mexiko	18 Nord	87,8
Panama	9 Nord	83,4
Westl. Kolumbien	8 Nord	78,1
Britisch-Guayana	6 Nord	75,2
Unterer Amazonas	0	76,0
Bolivien	20 Süd	81,9

Tabelle 1
Flügellänge (als Maß der Körpergröße) der Eisvogelart Chloroceryle americana in Gebieten mit unterschiedlicher Temperatur

Diese Größenverteilung ist ein Beispiel für die Gültigkeit der **BERGMANNschen Regel**, welche besagt, dass gleichwarme Tiere in kalten Gebieten größer sind als in wärmeren. Erklärt wird dieses Phänomen mit dem Verhältnis von Körperoberfläche zu Körpervolumen. Dieses verändert sich mit zunehmender Größe.

Lösung Seite 103

Aufgabe

B02 Berechnen Sie das Verhältnis aus Oberfläche und Volumen für einen Würfel von 2 cm Kantenlänge und einen Würfel von 4 cm Kantenlänge.

Wie die Aufgabe zeigt, führt eine Verdoppelung der Körpergröße zu einer Vervierfachung der Körperoberfläche und zu einer Verachtfachung des Körpervolumens. Je größer ein Tier ist, umso kleiner ist demnach seine relative Oberfläche, über die Wärme verloren gehen kann.

Ein weiteres Beispiel dafür, wie unterschiedliche Temperaturen zu Veränderungen in der Merkmalsausbildung führen, bietet das Russenkaninchen, eine Hauskaninchenzuchtform. Bei ihm wird an denjenigen Hautstellen ein schwarzes Fell gebildet, deren Temperatur unter 34°C liegt, während die gut durchbluteten wärmeren Körperteile von einem weißen Fell bedeckt sind *(vgl. Abb. 12).*

Abb. 12
Fellfarbe beim Russenkaninchen
a) bei Zimmertemperatur
b) bei 30°C
c) bei Zimmertemperatur und gleichzeitiger Kühlung des rechten Oberschenkels

1.1.5 Abhängigkeit der Fotosynthese von der Temperatur

Auch die Fotosynthese, der grundlegende biochemische Prozess auf der Erde, weist eine enge Abhängigkeit von der Temperatur auf. *(Zur fundamentalen Rolle der Fotosynthese im Geflecht der ökologischen Zusammenhänge s. Kapitel D. 2. und D. 3.)*

Wir wollen den Zusammenhang in einem Diagramm darstellen:

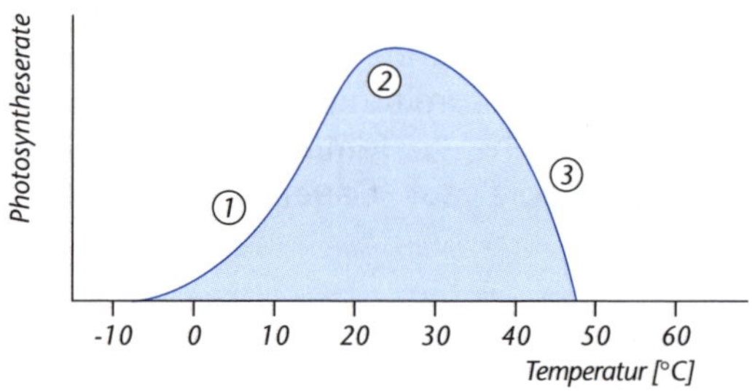

Abb. 13
Temperaturabhängigkeit der Fotosyntheseleistung bei starker Belichtung

① Die Fotosyntheserate nimmt mit steigender Temperatur zunächst exponentiell zu.

② Die volle Fotosyntheseleistung wird nur in einem engen Temperaturbereich erzielt. Das Optimum liegt für die höheren Pflanzen in unseren Breiten zwischen 20 und 30°C.

③ Bei höheren Temperaturen nimmt die Fotosyntheseleistung stark ab.

1.2 Licht

1.2.1 Dauer der Lichteinwirkung

Als Mensch unserer Zeit ist man es gewohnt, Licht rund um die Uhr zur Verfügung zu haben. Ist es dunkel, muss man nur den nächsten Lichtschalter finden. Dabei könnte man glatt vergessen, dass unter natürlichen Bedingungen Helligkeit und Dunkelheit sich regelmäßig ablösen. Ende Juni folgen in unseren geografischen Breiten etwa 16 Stunden Helligkeit auf 8 Stunden Dunkelheit. Ende Dezember ist es umgekehrt. In anderen geografischen Breiten ergeben sich andere Werte. Im Bereich des Äquators sind Tag und Nacht rund ums Jahr jeweils etwa 12 Stunden lang. An den Polen hingegen ist es ein halbes Jahr hell und ein halbes Jahr dunkel („Polarnacht“).

Die Tageslänge kann sowohl von Pflanzen als auch von Tieren über Rezeptoren erfasst werden.

Manche Pflanzenarten blühen nur dann, wenn die Tageslänge eine bestimmte Dauer (z. B. 14 Stunden) überschreitet. Man bezeichnet sie als **Langtagpflanzen.** Hierzu gehören viele der Pflanzen, die wir zu unserer Ernährung anbauen, wie z. B. Weizen, Möhren oder Salat. Andere Pflanzen hingegen beginnen nur dann zu blühen, wenn die Tageslänge einen bestimmten Wert (z. B. 12 Stunden) unterschreitet. Zu diesen **Kurztagpflanzen** gehören z. B. Ananas und Baumwolle oder auch Chrysanthemen, die ja bekanntlich erst im Herbst blühen, wenn die Tage wieder kürzer werden.

Bei der Messung der Tageslänge durch Pflanzen spielen die von uns als romantisch empfundenen Sonnenuntergänge eine Rolle – genauer genommen die damit verbundene besondere spektrale Zusammensetzung des Lichtes. Bei tief stehender Sonne gelangt nämlich nur noch langwelliges dunkelrotes Licht (z. B. Wellenlänge 730 nm) durch die Lufthülle hindurch, kurzwelligeres hellrotes Licht (z. B. 660 nm) wird hingegen absorbiert.

Pflanzen verfügen über einen Farbstoff, der beide Rotsorten absorbiert, das Phytochrom. Dieses existiert in zwei strukturell unterschiedlichen Formen, die ineinander umgewandelt werden können:

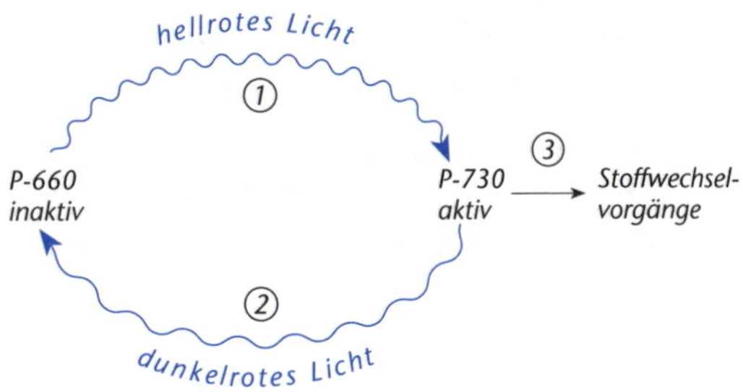

Abb. 14
Messung der Tageslänge bei Pflanzen

① Als „P-660“ absorbiert der Farbstoff einige Zeit nach Sonnenaufgang hellrotes Licht und wird dabei in die aktive Form „P-730“ umgewandelt. Diese bleibt tagsüber bestehen, da im Tageslicht mehr Hellrot als Dunkelrot vorhanden ist.

② Als „P-730“ absorbiert der Farbstoff gegen Ende des Sonnenuntergangs dunkelrotes Licht und wird dabei in „P-660“ umgewandelt.

Die Pflanze kann auf diese Weise die sich im Jahresablauf ändernde Tageslänge messen.

③ Die aktive Form des Phytochrom-Moleküls kann verschiedene Stoffwechselvorgänge fördern oder hemmen. Auf diese Weise ist dafür gesorgt, dass Knospenruhe, Blütenbildung und die Bildung von Speicherorganen in die richtige Jahreszeit fallen.

Aufgabe

B03 Wie kann man als Gärtner im Sommer das Blühen von Salat verhindern und Chrysanthemen früher zum Blühen bringen?

Ebenso können Tiere durch eine Veränderung der Tageslänge beeinflusst werden. Zwitschern etwa an einem frostigen Märztag die Amseln fröhlich, obwohl das Wetter doch noch so winterlich erscheint, dann tun sie das, weil es wieder lange genug hell ist.

Bei Bachforellen kann man das Fortpflanzungsverhalten durch Veränderung der Lichtverhältnisse beeinflussen *(vgl. Abb. 15)*:

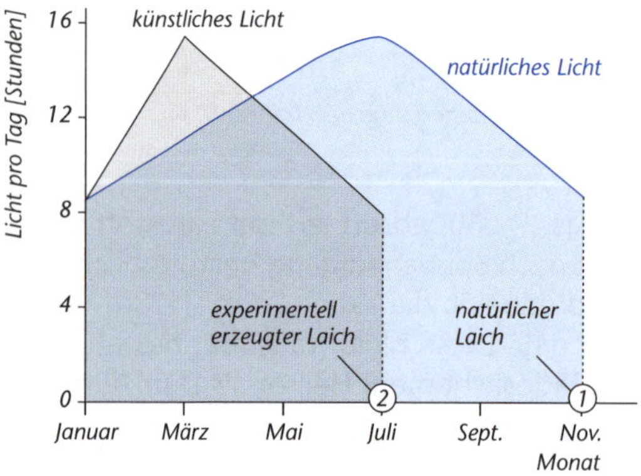

Abb. 15
Beeinflussung der Laichzeit der Bachforelle durch Veränderung der Fotoperiode

① Unter natürlichen Lichtbedingungen laichen Bachforellen im Herbst.

② Wird die Tageslänge im Frühjahr künstlich verlängert und dann im Sommer verkürzt, so laichen sie im Sommer.

Vom Landkärtchen *(Araschnia levana)*, einem einheimischen Schmetterling, sind zwei unterschiedlich gefärbte Formen bekannt, eine rotgelbe mit schwarzer Fleckzeichnung im Frühjahr und eine schwarzbraune, hell gefleckte im Sommer. Früher hielt man die beiden Formen für verschiedene Arten. Inzwischen weiß man aber, dass die Färbung von der Belichtungsdauer abhängt, der die Raupen des Landkärtchens ausgesetzt sind *(vgl. Abb. 16)*.

Abb. 16
Unterschiedliche Färbungen beim Landkärtchen

1.2.2 Lichtintensität

Die Intensität des Lichts hat einen bedeutsamen Einfluss auf die Fotosynthese *(vgl. Abb. 17)*.

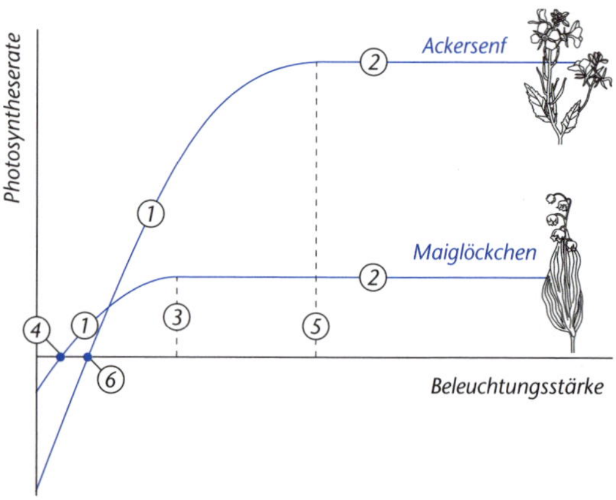

Abb. 17
Abhängigkeit der Fotosyntheseleistung von der Beleuchtungsstärke bei Maiglöckchen und Ackersenf

 Lösung Seite 103

Beide Kurven haben den prinzipiell gleichen Verlauf. Die Fotosyntheseleistung steigt zunächst linear an ①, um dann einen Sättigungswert zu erreichen ②.

Beim Maiglöckchen, das in lichten Laubwäldern wächst, wird die konstante maximale Fotosyntheseleistung bereits bei niedriger Beleuchtungsstärke erreicht ③. Der Lichtkompensationspunkt liegt im Bereich relativ geringer Lichtintensität ④, die Pflanze weist bereits hier eine positive Stoffbilanz auf. Dieser Kurvenverlauf ist typisch für sogenannte **Schattenpflanzen**.

Beim Ackersenf, der auf offenen Flächen wächst, tritt die konstante maximale Fotosyntheseleistung hingegen erst bei höherer Beleuchtungsstärke auf ⑤. Der Lichtkompensationspunkt liegt im Bereich relativ hoher Lichtintensität ⑥, die Pflanze erreicht erst dort eine positive Stoffbilanz. Dieser Kurvenverlauf ist typisch für sogenannte **Sonnenpflanzen**.

1.2.3 Qualität des Lichts

Unter der Qualität des Lichts versteht man die unterschiedlichen Wellenlängen im sichtbaren Spektrum, die wir in unserer Wahrnehmung als Farben empfinden.

Tiere können je nach Ausstattung ihrer Lichtsinnesorgane farbig oder nur schwarzweiß sehen. So können z. B. Bienen Farben unterscheiden, Katzen hingegen nicht.

Pflanzen können aufgrund der spezifischen Eigenschaften ihrer Fotosynthesepigmente die verschiedenen Wellenlängen unterschiedlich gut ausnützen. Die Fotosyntheserate hängt demnach auch von der „Farbe" des Lichts ab. Bedeutsam ist dies vor allem unter Wasser, denn mit zunehmender Tiefe wird zuerst der langwellige rote Anteil ausgefiltert. Rotalgen verfügen über zusätzliche Pigmente (Phycoerythrine) zur Nutzung des verbleibenden grünen Lichts. Sie kommen deshalb in größeren Tiefen vor als Grünalgen.

1.3 Wasser

Versuch

V01 a) Man wiegt einige Laubblätter aus und legt sie anschließend für 24 Stunden in einen Trockenschrank (z. B. im Schullabor), der auf 110°C eingestellt ist. Anschließend wiegt man die nun wasserfreien Blätter erneut.

b) Man erhitzt Pflanzensamen, die man zuvor gewogen hat, für 24 Stunden im Trockenschrank bei 110°C und wiegt danach erneut.

Aufgabe

B04 Berechnen Sie aus den Messwerten von Versuch 1 die Differenz zwischen Trocken- und Frischgewicht der Laubblätter und der Pflanzensamen.
Geben Sie eine Erklärung für den gefundenen Unterschied.

Lösung Seite 103

Die Auswertung von Versuch 01 zeigt, dass die Blätter einen deutlich höheren Anteil an Wasser aufweisen als die Samen. Bei letzteren handelt es sich um Dauerstadien (Ruhestadien), in denen die Stoffwechselaktivität stark herabgesetzt ist. In den Blättern, in denen ja u.a. die Prozesse der Fotosynthese ablaufen, enthält das Protoplasma in den Zellen stets eine ausreichende Menge an Wasser.

Wasser ist der mit Abstand mengenmäßig größte Bestandteil aller Lebewesen. Tiere und Pflanzen bestehen fast immer aus mehr als 50% dieses Lebenselixiers. Sie müssen also über Möglichkeiten verfügen, eine ausreichende Wassermenge aufzunehmen und zu behalten.

1.3.1 Wasserhaushalt der Pflanzen

Versuch

V02 Man besorgt sich zwei „Fleißige Lieschen", eine Topfpflanze, die im Frühjahr und Frühsommer in Gärtnereien zu bekommen ist oder auch aus Samen leicht selbst herangezogen werden kann.

Bei einer der Pflanzen verringert man die Anzahl der Blätter. Dann entfernt man die Wurzeln von beiden Pflanzen und stellt die Sprosse in je einen Messzylinder. Die beiden Gefäße sind gleich hoch mit einer Farbstofflösung gefüllt (vgl. Abb. 18). Gut geeignet ist eine Lösung von Eosin in Wasser. Damit kein Wasser aus den Gefäßen verdunsten kann, gibt man jeweils etwas Öl auf die Farblösung. Nach einem Tag misst man die Veränderung der Wasserstände.

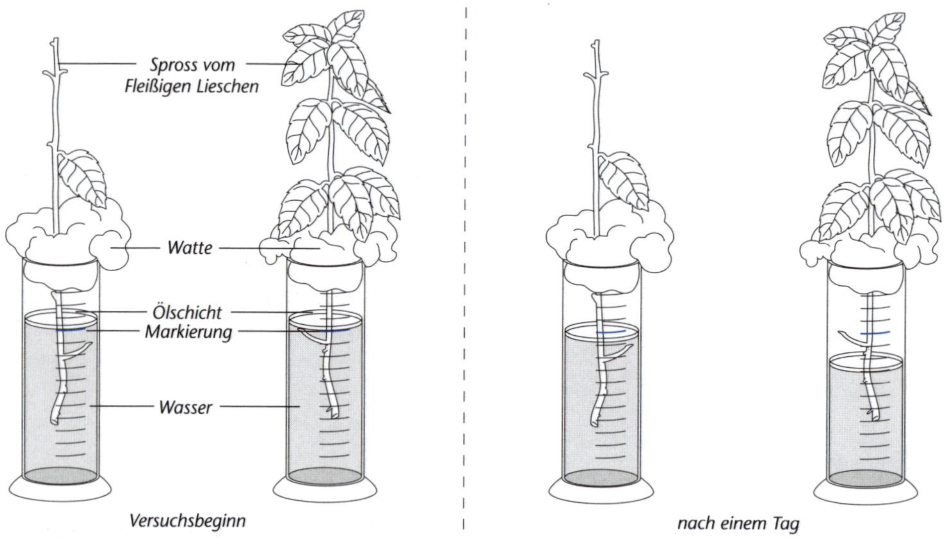

Abb. 18
Transpiration

Aufgabe

B05 Vergleichen Sie die Wasserstände, die in Versuch 02 nach einem Tag erreicht werden. Deuten Sie das Ergebnis.

Landpflanzen geben durch Verdunstung ständig Wasser an ihre Umgebung ab. Dieser Verlust wird hauptsächlich durch Wasseraufnahme über die Wurzeln ersetzt. Die Ursache für den Wassertransport liegt überraschenderweise nicht in den Wurzeln als dem Organsystem der Wasseraufnahme, sondern in den Blättern, den Organen der Fotosynthese. Die Blätter saugen das Wasser durch den Pflanzenkörper *(vgl. Abb. 19)*.

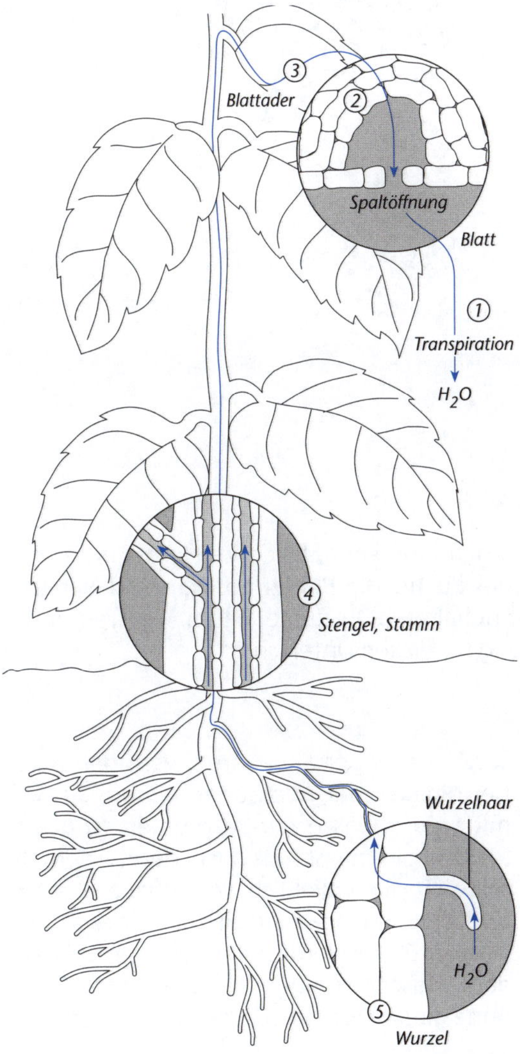

Abb. 19
Wassertransport in der Pflanze

① Über die Spaltöffnungen verdunstet Wasser nach außen. Diese Abgabe von Wasserdampf an die umgebende Luft wird als **Transpiration*** bezeichnet.

② Die Zellen direkt unterhalb der Spaltöffnung verlieren dabei Wasser, der Zellsaft wird eingedickt. Durch osmotische Kräfte strömt Wasser aus den benachbarten Zellen nach.

③ Diese nehmen Wasser aus den Blattadern, den obersten Abschnitten des Gefäßsystems, auf.

④ Insgesamt entsteht ein **Transpirationssog**, durch den das Wasser wie in einem dünnen Strohhalm durch die Leitungsbahnen hochgezogen wird, die von der Wurzel bis in die Blätter verlaufen.

⑤ Die Wurzeln nehmen neues Wasser aus dem Boden auf.

Der **Transpirationsstrom** kann beispielsweise an heißen Sommertagen bei einer Sonnenblume einen Liter täglich betragen. Eine Birke mit ihren ca. 200000 Blättern vermag an besonders heißen Tagen bis zu 400 Liter Wasser zu verdunsten.

Feuchtpflanzen (Hygrophyten*) – sie leben auf feuchtem Boden in ständig feuchter Umgebung – besitzen großflächige, häufig dünne Laubblätter. Die Spaltöffnungen sind oft hervorgehoben (transpirationsfördernde Baueinrichtung; *vgl. Abb. 20 a*).

Trockenpflanzen (Xerophyten*) – sie leben an zumindest zeitweise sehr trockenen Standorten – besitzen hingegen meist kleine, lederartige Blätter mit häufig tief eingesenkten Spaltöffnungen (transpirationshemmende Baueinrichtung; *vgl. Abb. 20b*).

Manche Pflanzen besitzen auch biochemische Anpassungen an die Trockenheit. Hierzu gehören z.B. der Mais als typischer Vertreter der C_4-Pflanzen und Kakteen als typische Vertreter der CAM-Pflanzen.

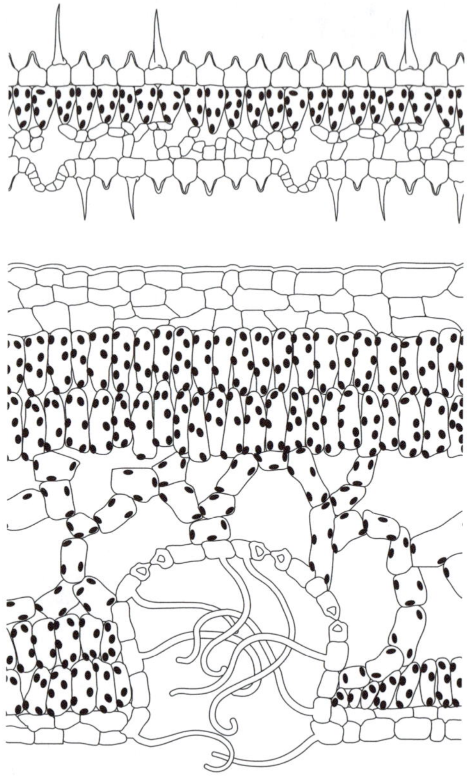

Abb. 20
Anpassungen der Blätter an feuchte und trockene Standorte
a) Feuchtpflanze (Ruellia portellae)
b) Trockenpflanze (Nerum oleander)

Aufgabe

B06 Bevor im Winter das Wasser im Boden gefrieren kann, fallen im Herbst unseren einheimischen Laubbäumen, wie z.B der Buche, die Blätter ab, während Nadelbäume, wie z.B. die Tanne, ihre Blätter behalten („Oh Tannenbaum, wie treu sind deine Blätter!"). Finden Sie eine Erklärung für diesen Unterschied.

1.3.2 Wasserhaushalt der Tiere

Tiere haben im Gegensatz zu Pflanzen den großen Vorteil, rasche Ortswechsel durchführen zu können. Sie können in trockener Umgebung bei Bedarf Wasserstellen aufsuchen oder sich tagsüber z.B. in schattigen Höhlen aufhalten, um sich der Hitze des Tages zu entziehen.

Letzteres tun auch die Kängururatten aus den Wüstengebieten Nordamerikas. Diese possierlichen Nagetiere, die der Gruppe der Taschenspringer angehören, verfügen darüber hinaus aber noch über weitere „Tricks", mit wenig Wasser auszukommen *(vgl. Abb. 21)*. Und das müssen sie auch, denn sie ernähren sich ausschließlich von Pflanzensamen und die sind bekanntlich sehr trocken *(vgl. Versuch 01)*. Außerdem hat man festgestellt, dass Taschenspringer unbegrenzt lange ohne direkte Wasserzufuhr auskommen.

 Lösung Seite 104

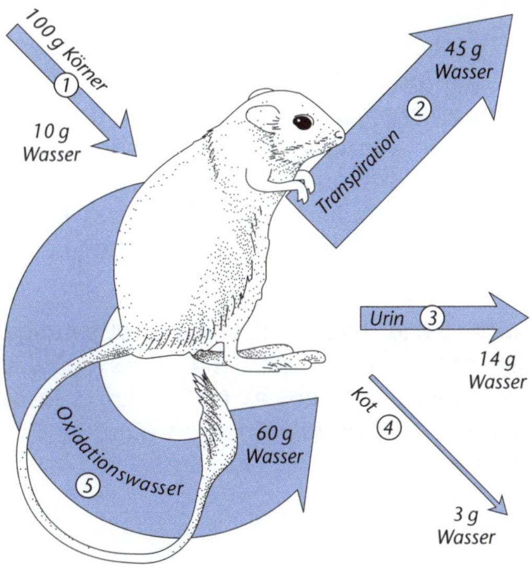

① Beim Verzehr von 100 g Körnern nimmt die Känguruuratte 10 g Wasser auf.

② Durch Transpiration verliert sie 45g Wasser.

③ Über den Urin scheidet sie 14 g Wasser aus.

④ Über den Kot gibt sie 3 g Wasser ab.

Abb. 21
Wasserbilanz der Känguruuratte (Dipodomys deserti)

Aufgabe

B07 Berechnen Sie aus den Werten im Text zu Abbildung 21 ① – ④ die Wasserbilanz der Känguruuratte (Vergleich Wasseraufnahme und Wasserabgabe).

⑤ Diese negative Wasserbilanz *(vgl. Lösung zu Aufgabe B07)* wird dadurch ausgeglichen, dass bei der Verwertung von Nährstoffen im Körper sogenanntes **Oxidationswasser** anfällt. In unserem Beispiel handelt es sich um eine Menge von etwa 60 g. Damit ist die Wasserbilanz mehr als ausgeglichen.

Die Bildung von Oxidationswasser ist nicht etwa eine besondere Leistung der Känguruuratte. Vielmehr läuft dieser Prozess in allen Organismen ab, die ihre Nahrung „veratmen".

Kohlenhydrate z. B. werden im Körper unter Sauerstoffverbrauch, Kohlendioxidproduktion und unter Energiefreisetzung verarbeitet. Dabei wird auch Wasser gebildet:

$$C_6H_{12}O_6 + 6O_2 \rightarrow 6H_2O + 6\,CO_2$$

Bei der „Veratmung" von 1000g Glukose ($C_6H_{12}O_6$) entstehen z. B. 600g Wasser.

Die besonderen „Tricks" der Känguruuratte bestehen darin, mit der geringen Wassermenge (Oxidationswasser + Wasser aus den Körnern) haushälterisch umzugehen. So verfügt sie z. B. über besonders leistungsfähige Nieren, die sehr stark konzentrierten Urin produzieren und auf diese Weise möglichst viel Wasser im Körper zurückhalten. Ebenso wird bei der Bildung der Exkremente von der Darmwand relativ viel Wasser rückresorbiert – der Kot ist außergewöhnlich trocken.

Lösung Seite 104

1.4 Weitere abiotische Faktoren

Luft ist ein Gemisch aus mehreren Gasen. Der für uns lebensnotwendige Sauerstoff ist mit einem Anteil von 21 Vol.-% und Kohlendioxid – das Ausgangsmaterial für die pflanzliche Fotosynthese – ist in einer Konzentration von 0,035 Vol.-% vorhanden.
Es ist bekannt, dass eine mäßige Erhöhung der CO_2-Konzentration zu einer Steigerung der Fotosyntheserate führt.
Weniger bekannt ist, dass auch Änderungen in der O_2-Konzentration die Fotosyntheserate beeinflussen. So wurde experimentell festgestellt, dass z.B. Bohnen bei halbierter Sauerstoffmenge ihre Fotosyntheseleistung um 50% erhöhen.

Ist der Anteil der genannten Gase an der Atmosphäre überall gleich und sind Veränderungen deshalb nur im Experiment zu erzielen, so kann er in Gewässern natürlicherweise erheblich schwanken, was einen gravierenden Einfluss auf die dortigen Lebewesen hat.

Auch **Salze** haben als lebensnotwendige Substanzen einen großen Einfluss auf das Gedeihen von Lebewesen. *(Zu diesen Sachverhalten eine ausführliche Darstellung in Kap. D. 5.)*

2. Biotische Faktoren

Abb. 22
Biotische Faktoren: Lebewesen in belebter Umwelt

2.1 Zwischenartliche (interspezifische*) Konkurrenz

Der russische Forscher Gause führte im Jahre 1934 ein Laborexperiment durch, das inzwischen als „Klassiker" eingestuft werden kann. Er hielt zwei nahe verwandte Arten von Pantoffeltierchen (*Paramecium caudatum* und *Paramecium aurelia*) in geeigneten Kulturmedien. Durch regelmäßige Zugabe von Bakterien als Futter wurde die Nahrungsdichte konstant gehalten. Zunächst hielt Gause jede Art für sich allein *(vgl. Abb. 23)*. In den getrennten Kulturen zeigte jede der beiden Einzellerarten ein typisches Populationswachstum ① und ②. (Unter Population versteht man alle in einem Gebiet vorkommenden Individuen einer Tier- oder Pflanzenart, die sich untereinander fortpflanzen können).

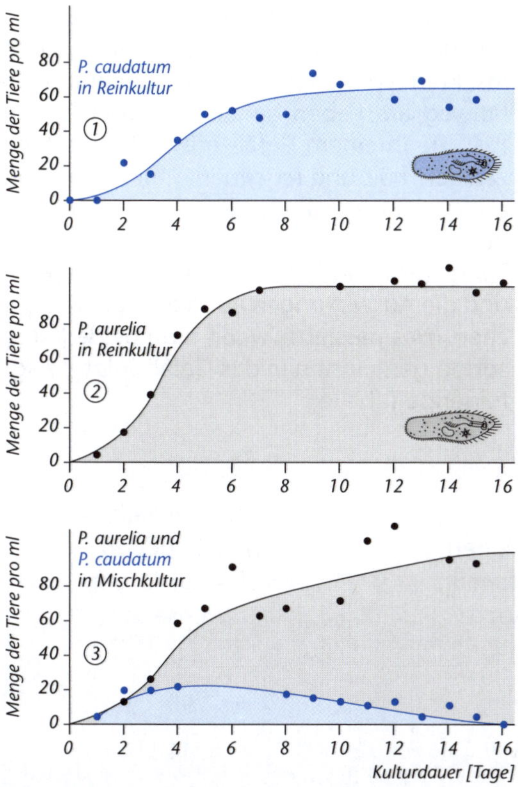

Nach einiger Zeit war jeweils ein konstantes Niveau erreicht, das jede Art für die Dauer des Experiments einhielt.

Anschließend wurden beide Arten in die gleiche Kultur gebracht ③. Jetzt zeigte sich, dass nach 16 Tagen allein *P. aurelia* überlebte, obwohl die Pantoffeltierchen sich sicher nie gegenseitig angegriffen und auch keine Giftstoffe abgesondert hatten. Sie hatten aber miteinander um die Nahrung konkurriert und *P. aurelia* konnte wegen einer schnelleren Vermehrungsrate *P. caudatum* verdrängen.

Abb. 23
Konkurrenz zwischen zwei eng verwandten Paramecienarten

Definition

Konkurrenzausschlussprinzip: Stehen zwei Populationen in vielen wesentlichen Faktoren (z. B. Nahrung, Futterplätze, Nistplätze etc.) miteinander in Konkurrenz, so können auf Dauer nicht beide nebeneinander existieren – eine der beiden setzt sich vollständig durch.

Pflanzt man hingegen die beiden Kleearten *Trifolium repens* und *Trifolium fragiferum* gemeinsam an, so verdrängt keine Art die andere, und es bildet sich auf Dauer ein Mischbestand heraus *(vgl. Abb. 24)*.

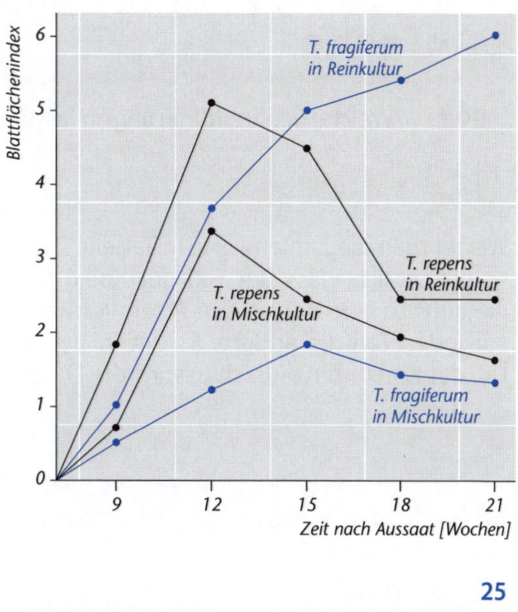

Abb. 24
Koexistenz beim Klee

In diesem Fall wächst *T. repens* zwar schneller als *T. fragiferum*, was eine Verdrängung erwarten ließe. Beide Arten verfügen aber über einen unterschiedlichen Zeitpunkt des Wachstumsmaximums, weil sie sich in ihrer Empfindlichkeit gegenüber dem Licht unterscheiden. Diese Abweichung in einem wesentlichen Faktor reicht aus, um das Konkurrenzausschlussprinzip in diesem Fall ungültig werden zu lassen; vielmehr können die beiden Arten koexistieren.

An der Universität von Chicago führten T. PARK und seine Studenten Versuche mit Mehlkäfern der beiden Arten *Tribolium castaneum* und *Tribolium confusum* durch. Diese Insekten können über viele Generationen hinweg am Leben gehalten werden, wenn man sie in einem Gefäß mit Mehl und Weizenkleie hält und regelmäßig für Nachschub an Nahrung sorgt. Man kann im Labor dann unter genau kontrollierten Bedingungen die Temperatur und die Feuchtigkeit variieren und die Auswirkungen auf die Käfer untersuchen. Was passierte, wenn man beide Käfersorten gemeinsam in das Gefäß setzte, zeigt folgende Tabelle:

Klima	Zahl der Fälle in %, in denen sich *T. castaneum* durchsetzt	Zahl der Fälle in %, in denen sich *T. confusum* durchsetzt
heiß/nass	100	0
heiß/trocken	10	90
warm/nass	86	14
warm/trocken	13	87
kühl/nass	31	69
kühl/trocken	0	100

Tabelle 2
Mischkulturen von Mehlkäfern

Aufgabe

B08 Welche Schlussfolgerungen lassen sich aus den Zahlenwerten in Tabelle 2 ziehen?

Wertet man die Zahlenwerte in Tabelle 2 aus, so ergibt sich, dass der Fall der Koexistenz nie auftritt. Eine der beiden Arten verdrängt auf jeden Fall die andere. Es gilt in diesem Fall das Konkurrenzausschlussprinzip. Daraus lässt sich schließen, dass beide Mehlkäferarten sich in allen wesentlichen Faktoren Konkurrenz machen und demnach auf Dauer nicht nebeneinander existieren können.

 Lösung Seite 104

Aufgabe

B09 Hält man die beiden Pantoffeltierchenarten Paramecium caudatum und Paramecium bursaria gemeinsam im selben Kulturmedium, so können beide auf Dauer überleben. Es entwickelt sich eine Mischkultur aus beiden Formen. Deuten Sie dieses Phänomen.

Im tropischen Regenwald von Neuguinea lebt die Krontaube *(Goura cristata)*. Sie ist als die größte, fast truthahngroße Taubenart eine Attraktion in vielen Zoos *(vgl. Abb. 25)*:

Mit ihr im selben Gebiet leben noch 8 andere Taubenarten, die sich alle von Baumfrüchten ernähren. Dabei machen sie sich aber keine unmittelbare Konkurrenz. Die größeren Tauben landen auf dicken Ästen, um dort die Früchte zu fressen. Die kleineren Tauben lassen sich auf Zweigen nieder und suchen dort nach ihrer Nahrung. Da die verschiedenen Urwaldbäume sich hinsichtlich der Stärke ihrer fruchttragenden Äste stark unterscheiden, wird auf diese Weise das „Obst" gleichmäßig auf alle 9 Taubenarten verteilt. Da jede Taube außerdem noch auf Früchte verschiedener Größe spezialisiert ist, verbreiten sie Samen verschiedener Baumarten.
Jede Taubenart erfüllt also eine andere Aufgabe, sie besetzt eine eigene „Planstelle" im Beziehungsgeflecht des tropischen Regenwaldes.
Man sagt, jede Art besetzt ihre eigene **ökologische Nische**. Ursprünglich wurde dieser Begriff nur dazu verwendet, die räumlichen Ansprüche einer Organismenart hinsichtlich der für sie existenznotwendigen abiotischen und biotischen Faktoren zu beschreiben. Mittlerweile bezieht man auch die Rolle, die die Organismenart dabei für ihre natürliche Umgebung spielt, in die Definition ein.

Abb. 25
Krontaube (Goura cristata)

Definition

Unter der **ökologischen Nische** einer bestimmten Organismenart versteht man
- die Gesamtheit aller abiotischen und biotischen Umweltfaktoren, die für ihre Existenz notwendig sind,
- das Wirkungsfeld der Art in ihrem Ökosystem.

Zwischen den Phänomenen Konkurrenzausschlussprinzip und ökologische Nische besteht ein enger Zusammenhang. Herrscht in einem Lebensraum Mangel, so überlebt eine Art am ehesten, wenn sie sich von ihren Konkurrenten ausreichend absetzen kann. Dabei kann sie z. B. den räumlichen Kontakt meiden oder die Nahrung und andere Ressourcen anders ausnutzen. Es herrscht also in der Natur eine Tendenz zur **Diversifikation*** mit dem Ergebnis, dass letztlich jede Organismenart als Spezialist eine eigene „Planstelle" innehat.

Ein Beispiel, das dieses Prinzip verdeutlicht, ist in Abbildung 26 dargestellt. Sie zeigt drei Reiherarten, die man im schmalen Uferstreifen stehender Gewässer antreffen kann.

Abb. 26
a) Nachtreiher *(Nycticorax nycticorax)*
b) Graureiher *(Ardea cinerea)*
c) Purpurreiher *(Ardea purpurea)*

Aufgabe

B10 Nennen Sie Faktoren, in denen sich die drei in Abbildung 26 gezeigten Reiherarten unterscheiden könnten.

Die Bildung ökologischer Nischen führt artgleiche Lebewesen zusammen, die nun ihrerseits untereinander in **intraspezifische* Konkurrenz** treten. Diese Wechselbeziehung führt z. B. zu Revierbildung und Aggressionsverhalten.

2.2 Parasitismus

Mancher Leser hat vielleicht unliebsame Erinnerungen an kleine „Biester", die sich zu Kindergarten- oder Grundschulzeiten in seinen Haaren aufhielten. Die Mutter rannte dann in die Apotheke, um irgendwelche mehr oder weniger unangenehmen Mittelchen sowie den vor allem bei Lockenköpfen gefürchteten Nissenkamm zu kaufen. Dies alles diente dazu, den Kampf gegen die Plagegeister – die Läuse – aufzunehmen. Sie hatten sich häuslich in den Haarschöpfen eingenistet, um sich das zu besorgen, was sie zum Leben benötigten – Menschenblut! –, wohingegen ihr „Wirt" nur Nachteile von dieser „Lebensgemeinschaft" davontrug.

Die Läuse – Vertreter der Insektengattung Pediculus – verdeutlichen das Prinzip der parasitischen Lebensweise:

 Lösung Seite 104

Definition

Unter **Parasitismus*** versteht man das Zusammenleben von Angehörigen zweier Arten, wobei der eine Partner als Parasit (Schmarotzer) einseitig auf Kosten des anderen Partners, des Wirtes, lebt.

Im Allgemeinen benutzt der Parasit seinen Wirt zur Nahrungsgewinnung. Dabei ist der Schaden für den Wirtsorganismus anders als bei einer Räuber-Beute-Beziehung *(vgl. Kap. C.3.)* in der Regel begrenzt. Allerdings gibt es auch hier fließende Übergänge. So leben z.B. Raupenfliegenlarven zunächst im Fettgewebe von Schmetterlingsraupen, was diese kaum schädigt – sie verhalten sich also wie ein Parasit. Vor ihrer Verpuppung greifen sie jedoch lebensnotwendige Organe ihres Wirtes an – verhalten sich also wie Räuber. Bei unserer Darstellung werden wir uns auf Beispiele beschränken, bei denen es sich um eindeutige Fälle von Parasitismus handelt.

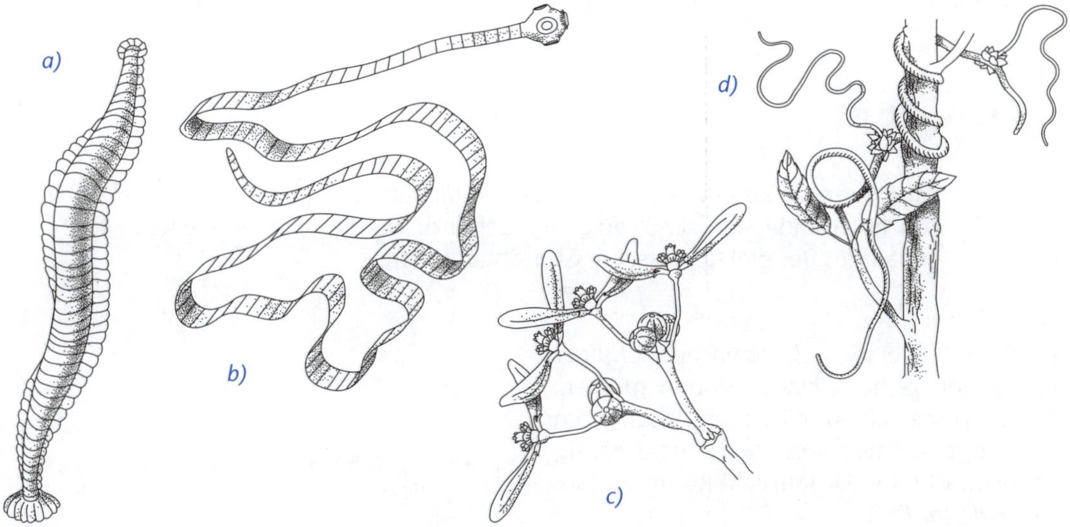

Abb. 27
Parasiten: a) Blutegel, b) Bandwurm, c) Mistel, d) Kleeseide

Der zu den Ringelwürmern gehörende Blutegel *(Abb. 27 a)* lebt in Seen, Sümpfen und Tümpeln. Früher löste er einerseits Gruseln aus, weil man befürchtete, beim Baden von diesem Blutsauger befallen zu werden. Andererseits versprach man sich von der gezielten Blutabzapfung durch den „medizinischen Blutegel" eine heilende Wirkung.

Will der Egel Blut saugen, so presst er seinen Kiefer auf die Haut des Opfers, ritzt sie an und versetzt das austretende Blut mit einem Sekret, das die Blutgerinnung verhindert. Mit seinem vorderen Saugnapf, der den Mund umgibt, saugt er sich fest und nimmt Blut auf, wobei sich der Umfang seines Körpers bis auf das Vierfache vergrößern kann. Nach dieser Mahlzeit löst sich der Blutegel von seinem „Opfer" ab.

Parasiten, die ihren Wirt von außen piesacken, nennt man **Ektoparasiten***; befallen sie ihn nur zeitweise, so spricht man von **temporären* Parasiten**.

Die zu den Plattwürmern gehörenden Bandwürmer *(Abb. 27 b)* leben als adulte* Tiere im Darm ihres Wirtes mitten im Speisebrei – wie im Schlaraffenland. Da sie im Inneren ihres Wirtes leben, sind sie ein Beispiel für einen **Endoparasiten***. Da sie dies auf Dauer tun, rechnet man sie zu den **stationären*** Parasiten.

Auch unter den Pflanzen finden sich zahlreiche parasitäre Formen.

Jeder kennt die **Mistel** (Hexenkraut, Donnerbesen; *Abb. 27 c*) die besonders im Winter auf den entlaubten sommergrünen Wirtsbäumen (Pappel, Linde etc.) auffällt, da sie selbst winterharte gelblichgrüne Blätter besitzt. Diese Pflanze, bekannt auch durch den britischen Weihnachtsbrauch, Mistelzweige im Zimmer aufzuhängen, ist ein Beispiel für einen **Halbschmarotzer** (**Hemiparasit***). Sie ist mit ihren Wurzeln in der Rinde und im Holz der Wirtspflanze fest verankert und entzieht dieser Wasser und Nährsalze. Organische Nährstoffe stellt sie sich allerdings selbstständig per Fotosynthese her.

Die fast blattlose **Kleeseide** (Hexenseide, Teufelszwirn; *Abb. 27 d*) hingegen entzieht ihrem Wirt als **Vollschmarotzer** (**Holoparasit***) sowohl Wasser und Nährsalze als auch organische Nährstoffe. Dazu umwindet sie ihn mit einem Gewirr von zahlreichen Fäden, aus denen Saugorgane tief in das Wirtsgewebe eindringen.

Aufgabe

B11 Bandwürmer haben weder Darm noch Mund. Ebenso fehlt ein Blutgefäßsystem. Welche Gründe sind dafür ausschlaggebend? Nennen Sie ein weiteres im Text genanntes Beispiel für dasselbe Grundphänomen.

Da Parasiten einen Teil lebensnotwendiger Leistungen nicht selbst erbringen müssen, sondern ihnen einen Teil dieser „Arbeit" vom Wirt abgenommen wird, weisen sie häufig charakteristische **Organrückbildungen** auf *(vgl. Aufgabe B11)*.

Ein Extrembeispiel ist der Wurzelkrebs (*Sacculina carcini*), der als Jungtier eine Strandkrabbe befällt und fortan endoparasitisch in ihr schmarotzt. Im ausgewachsenen Stadium besteht er nur noch aus einem verästelten Geflecht von Schläuchen, mit denen die inneren Organe des Wirtskrebses umsponnen sind *(vgl. Abb. 28)*. Lediglich die eigenen Keimdrüsen werden voll ausgebildet.

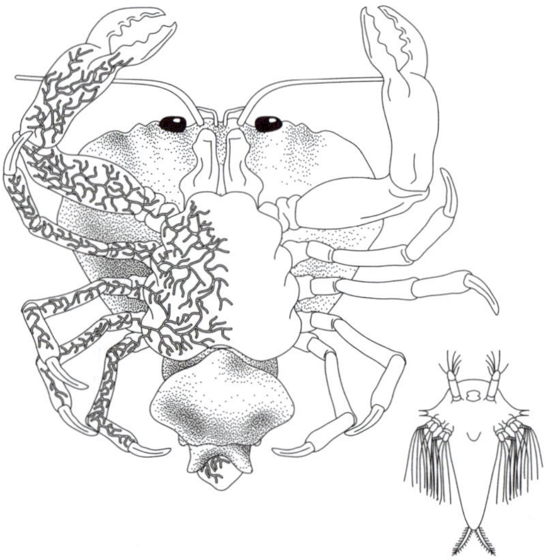

Abb. 28
Wurzelkrebs in Strandkrabbe; rechts unten Larvenstadium des Krebses

Als man das Balzverhalten von Rauchschwalben untersuchte, stellte man fest, dass die Weibchen offenkundig Männchen mit langen Schwänzen als Partner bevorzugen. Auf der Suche nach dem Grund hierfür stieß man auf Parasiten.

Schwalbennester sind häufig von blutsaugenden Milben befallen. Je weniger Schwalbenmännchen von klein auf von diesen Plagegeistern belästigt werden, desto besser entwickeln sich ihre Schwanzfedern. Die Weibchen verbessern also mit der beschriebenen Art von Partnerwahl die Chancen für ihre Jungen, parasitenfrei aufzuwachsen – ein eindrucksvolles Beispiel dafür, wie ein ökologischer Faktor das Verhalten beeinflussen kann. Weiterführende Untersuchungen ergaben, dass die bevorzugten Männchen über eine genetisch festgelegte Widerstandskraft gegen die Parasiten verfügen, die sie auf die Jungen vererben und dass sie darüber hinaus weniger Milben ins Nest einschleppen, die auf die Brut überwechseln.

2.3 Symbiose

Beim Schnorcheln entlang der Meeresküste kann man häufig Einsiedlerkrebse beobachten, die zum Schutze ihres weichen, leicht verwundbaren Hinterleibs in leeren Schneckenhäusern leben. Zusätzlich sitzt auf dieser Schale häufig eine Seerose *(Abb. 29 a)*. Diese bietet mit ihren mit giftigen Nesselzellen bewehrten Fangarmen ihrem Partner Schutz vor Fressfeinden wie den Tintenfischen. Bei den Wanderungen des Krebses hat die Seerose den Vorteil, ständig in frisches Wasser zu gelangen – eine Leistung, zu der das am Untergrund festgewachsene Tier selbst nicht fähig ist. Darüber hinaus fallen für die Seerose Futterreste an, wenn der Krebs seine Beute frisst. Das Zusammenleben der beiden Lebewesen ist ein typisches Beispiel für eine symbiontische Verbindung.

Dieses Prinzip ist in der Natur in zahllosen Varianten verwirklicht *(vgl. Abb. 29)*.

Definition

Konkurrenzausschlussprinzip: Stehen zwei Populationen in vielen wesentlichen Faktoren (z. B. Nahrung, Futterplätze, Nistplätze etc.) miteinander in Konkurrenz, so können auf Dauer nicht beide nebeneinander existieren – eine der beiden setzt sich vollständig durch.

Weitere Beispiele für tierliche Symbiosen* sind das Zusammenleben von Raubfischen mit Putzerfischen *(Abb. 29 b)* sowie von Ameisen mit Blattläusen *(Abb. 29 c)*.

Wer gerne Pilze isst, hat sich vielleicht schon darüber geärgert, dass man zwar Champignons in großen Mengen und recht preiswert bekommt, andere noch schmackhaftere Pilze aber nur in geringen Mengen zu recht hohen Preisen erstehen muss. Das kommt daher, dass man Champignons auf Pferdemist bestens züchten kann. Um an die anderen leckeren „Schwammerl" zu gelangen, muss sich hingegen schon irgendjemand die Mühe machen, sie im Wald abzuernten – züchten kann man sie jedenfalls nicht. Der Grund dafür ist, dass diese Pilze nur in symbiontischer Partnerschaft mit einem Baum gedeihen können.

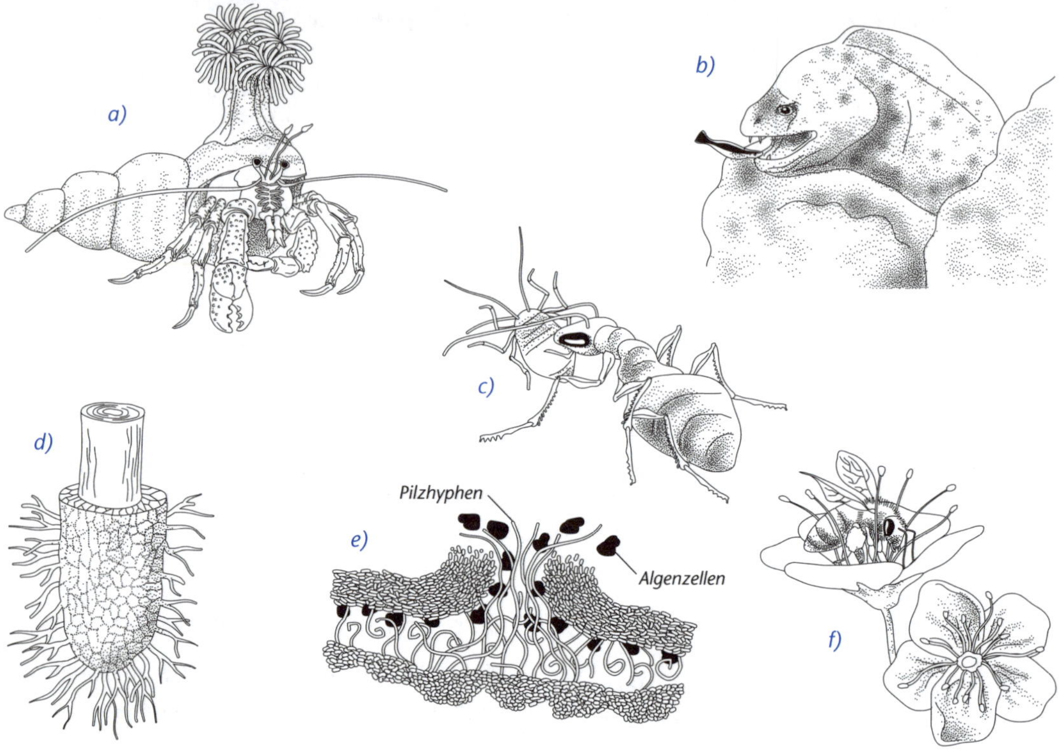

Abb. 29
Symbiosen: a) Einsiedlerkrebs/Seerose, b) Putzerfisch/Raubfisch, c) Ameise/Blattlaus, d) Mykorrhiza, e) Flechten, f) Bestäubungssymbiose Biene/Kirschblüte

Das unterirdische Pilzmycel umspinnt die Wurzeln des Baumes mit einem engen Fadengeflecht und dringt in die Wurzelrinde ein. Der Pilz wird vom Baum mit Kohlenhydraten versorgt. Umgekehrt liefert der Pilz das Wasser und verbessert die Mineralstoffversorgung des Baumes. Diese Symbiose zwischen den Wurzeln höherer Pflanzen und Pilzen bezeichnet man als **Mykorrhiza*** *(Abb. 29 d)*.
Manche Pilze bevorzugen ganz bestimmte Bäume. Der Birkenpilz kommt z.B. nur bei Birken vor.

In Hochgebirgsgegenden über 6000 Meter Höhe, auf den Sandböden von Wüsten, ja selbst an den Polen findet man **Flechten**. Diese Form von pflanzlichem Leben, die ursprünglich als eigenständiger Pflanzentypus galt, wird auch heute noch von vielen Botanikern als eigenständige systematische Kategorie geführt. Dabei handelt es sich lediglich um eine besonders enge Form einer Symbiose zwischen jeweils einer Pilz- und einer Algenart *(Abb. 29 e)*. Der Pilz versorgt die Alge mit Wasser und Mineralstoffen, die Alge bildet organische Nährstoffe, die wiederum dem Pilz zugute kommen.

Meist relativ kurzen Kontakt miteinander haben die Partner bei einer Bestäubungssymbiose. Am häufigsten ist die Vermittlung der Bestäubung durch Insekten *(Abb. 29 f)*. Aber auch Vögel und Fledermäuse können diese Aufgabe leisten. Um die Bestäuber anzulocken, muss die Blume auf sich aufmerksam machen. Daraus erklären sich die auffallenden Farben, Formen und Düfte vieler Blüten. Ein eindrucksvolles Beispiel für dieses Phänomen bei Orchideen zeigt die Gattung Ophrys.

2.4 Schwierigkeit der Abgrenzung Parasitismus/ Symbiose

Bei den bisher genannten Beispielen handelte es sich stets um eindeutige Fälle von Parasitismus oder Symbiose. Die Zuordnung zu einer dieser Kategorien ist aber nicht immer so einfach. Bei manchen Beispielen ist es nicht klar, ob es sich bei einem Organismus um einen Parasiten oder Symbionten handelt.

Auf einen solchen Fall stoßen wir, wenn wir die **Stickstofffixierung** bestimmter Pflanzen betrachten.

Bei der Fotosynthese bilden die Pflanzen Glukose, aus der dann alle weiteren Kohlenhydrate und ebenso die Fette aufgebaut werden. Die Glukose liefert auch die C-Gerüste für die **Aminosäuren**, die Bausteine der Proteine. Der Stickstoff für die Aminogruppe ($-NH_2$) muss aber über einen besonderen Stoffwechselweg eingebaut werden.

Die Pflanzen nehmen Stickstoff aus dem Boden in maximal oxidierter Form als Nitrat (NO_3^-) auf. Für den Einbau in Aminosäuren muss der Stickstoff zunächst in seine maximal reduzierte Form umgewandelt werden. Diese Umwandlung erfolgt in zwei enzymatisch katalysierten Schritten:

1. $NO_3^- + (H_2) \longrightarrow NO_2^- + H_2O$

(Nitrat wird zu Nitrit reduziert.)

2. $NO_2^- + 8\,(H_2) \longrightarrow NH_4^+ + 2\,H_2O$

(Nitrit wird zur Stufe des Ammoniumstickstoffs reduziert.)

Die benötigten Wasserstoffatome stammen allesamt aus der fotosynthetischen Wasserspaltung und werden durch NADP übertragen. Ein beträchtlicher Teil der Lichtenergie wird somit für die Nitrat-Reduktion verwendet!

Das größte Stickstoffreservoir der Erde, den molekularen Stickstoff (N_2) der Atmosphäre (78 Vol.-%), können Pflanzen normalerweise nicht verwerten. Dazu sind nur Bakterien und einige Cyanobakterien (Blaualgen) in der Lage. Es gibt aber Bakterien, die mit Pflanzen aus der Gruppe der **Leguminosen** (Hülsenfrüchtler) eine **Symbiose** eingehen und auf diese Weise die Pflanzen mit Luftstickstoff versorgen.

Diese **symbiontische Stickstofffixierung** ist wegen ihres hohen N-Gewinns (100–200 kg/ha/Jahr) schon früh aufgefallen und im Rahmen der Brache* und des Fruchtwechsels landwirtschaftlich genutzt worden. Beim biologischen Landbau spielt sie heute noch eine entscheidende Rolle.

Charakteristisch für Leguminosen ist der Besitz sogenannter **Wurzelknöllchen** *(Abb. 30a)*; sie entstehen durch Infektion der Wurzelhaare mit Bakterien aus dem Boden. Die verursachenden **Knöllchenbakterien** *(Rhizobium)* leben normalerweise von organischen Abfällen im Boden. Nur in Symbiose sind sie zur Stickstofffixierung fähig.

Die **Infektion der Pflanze** erfolgt ausschließlich an jungen Wurzelhaaren. An oder in der Nähe der Spitze eines Wurzelhaares dringen die Bakterien ein und wachsen als Infektionsschlauch in die Wurzelrinde *(Abb. 30 b)*. Die Wurzel reagiert auf diese Infektion mit Zellteilungen, um den Infektionsherd zu begrenzen. Die Wurzelknöllchen sind das Ergebnis dieser durch die Bakterien ausgelösten Gewebswucherung *(Abb. 30 c)*. Die Bakterien vermehren sich sehr schnell und wachsen zu unregelmäßig gestalteten Gebilden (sogenannte Bacteroiden) heran *(Abb. 30 d)*. Schließlich liegen sie, einzeln oder in Gruppen in Membranen eingeschlossen, im Zytoplasma der Pflanzenzellen *(Abb. 30 e)*.

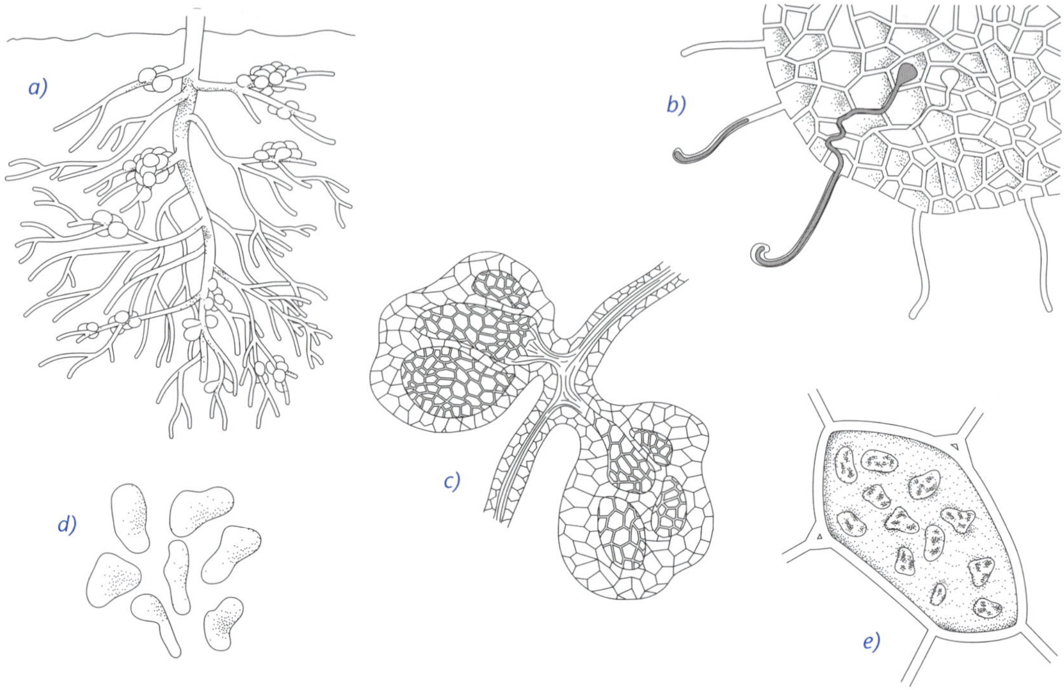

Abb. 30
Wurzelknöllchen der Leguminosen

Die Abwehrmaßnahmen zeigen, dass die Wirtspflanze von den Bakterien im Stile von Parasiten befallen wird. Welchen Sinn hätte es schon, sich gegen einen Symbiosepartner abzuschotten? Dann aber kommt es schließlich doch zu einer **Kooperation der beiden Arten**.

Es erfolgt die Stickstofffixierung. Der Reduktionsvorgang zum Ammoniak (NH_3) vollzieht sich an einem großen Enzymkomplex, der **Nitrogenase**. Für die Umwandlung wird, wie bei der Nitrat-Reduktion, coenzymgebundener **Wasserstoff und zusätzlich Energie** in Form von ATP benötigt. Die Bacteroiden beziehen beides aus dem oxidativen **Abbau von Fotosynthese-Produkten der Wirtspflanze**. Der ATP-Verbrauch ist verhältnismäßig hoch, der Vorgang entsprechend sauerstoffabhängig.

Paradoxerweise ist aber die Nitrogenase extrem **sauerstoffempfindlich**. Es ist daher verständlich, dass im Knöllchengewebe besondere Mechanismen existieren, die die Nitrogenase vor Sauerstoff schützen und gleichzeitig die Sauerstoffversorgung der Bacteroiden sicherstellen. Das Knöllchengewebe ist rot gefärbt; es enthält das (dem Hämoglobin verwandte) **Leghämoglobin**. Es bindet den Sauerstoff bei hoher Konzentration und gibt ihn bei niedrigen Konzentrationen wieder ab.

Die Herstellung von Leghämoglobin ist eine spezifische **Leistung der Symbiose**: Den Proteinanteil liefert die Pflanze, die Häm-Gruppe stammt von den Bacteroiden.
Das Auftreten des Farbstoffs und der Beginn der Stickstofffixierung verlaufen zeitlich parallel.

Aufgabe

B12 Nennen Sie Vorteile, die Knöllchenbakterien und Wirtspflanze aus der Symbiose ziehen!

Weitere Einflüsse, die aus der belebten Natur auf einen Organismus einwirken können, sind u.a. **Krankheitserreger, Artgenossen** als Kooperations- und Geschlechtspartner sowie **Fressfeinde**. Diese Faktoren werden wir im folgenden Kapitel wieder aufgreifen und teilweise sehr ausführlich behandeln.

3. Zusammenfassung

- Auf einen Organismus wirken **abiotische Faktoren** (sie stammen aus der unbelebten Umwelt) und **biotische Faktoren** (sie stammen aus der belebten Umwelt) ein.
- Abiotische Faktoren sind z.B. **Temperatur, Licht** und **Wasser**.
- Für jede Art gibt es ein **Temperaturoptimum**, bei dem sie am besten gedeiht. Jenseits eines bestimmten **Temperaturminimums** und eines bestimmten **Temperaturmaximums** kann diese Art nicht existieren. Temperaturminimum und -maximum begrenzen den **Toleranzbereich**, den Bereich, in dem eine Art lebensfähig ist.
- Lebewesen mit weitem Toleranzbereich bezüglich der Temperatur werden als **eurytherm**, Lebewesen mit engem Toleranzbereich als **stenotherm** bezeichnet.
- Hinsichtlich der Umwelttoleranzen allgemein spricht man von **Euryökie** und **Stenökie**.
- **Gleichwarme** (homoiotherme) **Tiere** können ihre Körpertemperatur unabhängig von der Umgebungstemperatur relativ konstant halten.

  Bei **wechselwarmen** (poikilothermen) **Tieren** schwankt die Körpertemperatur mit der Umgebungstemperatur.
- Leben Tierarten in verschiedenen geografischen Bereichen unterschiedlicher Temperatur, gilt die BERGMANN**sche Regel**. Sie besagt, dass gleichwarme Individuen einer Tierart in kalten Gebieten größer sind als in wärmeren.
- Eine enge Abhängigkeit von der Temperatur weist die **Fotosynthese** auf. Mit steigender Temperatur nimmt die Fotosyntheserate zunächst exponentiell zu, erreicht ein eng begrenztes Optimum und nimmt dann rasch wieder ab.
- **Langtagpflanzen** blühen nur dann, wenn die Tageslänge eine bestimmte Dauer (z.B. 14 Stunden) überschreitet.

  Kurztagpflanzen hingegen beginnen nur dann zu blühen, wenn die Tageslänge einen bestimmten Wert (z.B. 12 Stunden) unterschreitet.

Lösung Seite 104

- Die Fotosyntheserate erreicht ab einer gewissen **Lichtintensität** einen Sättigungswert. Bei **Schattenpflanzen** wird die konstante maximale Fotosyntheseleistung bereits bei niedriger, bei **Sonnenpflanzen** hingegen erst bei relativ hoher Beleuchtungsstärke erreicht.
- Die verschiedenen Wellenlängen im sichtbaren Spektrum („Farben") können von Pflanzen unterschiedlich gut zur Fotosynthese genutzt werden.
- **Feuchtpflanzen** (Hygrophyten) besitzen großflächige, häufig dünne Laubblätter. Die Spaltöffnungen sind oft hervorgehoben.

  Trockenpflanzen (Xerophyten) besitzen hingegen meist kleine, lederartige Blätter mit häufig tief eingesenkten Spaltöffnungen.

  C_4- und **CAM-Pflanzen** besitzen biochemische Anpassungen an die Trockenheit.
- Bei Tieren können beispielsweise Balz- und Fortpflanzungsverhalten durch die Tageslänge beeinflusst sein.
- Tiere können bei Bedarf Wasserstellen aufsuchen oder sich durch Ortswechsel der Hitzeeinwirkung entziehen. Manche **wüstenbewohnenden Tiere** wie die Kängururatte verfügen über spezielle physiologische Anpassungen (z. B. besonders leistungsfähige Nieren) und kommen trotz wasserarmer Nahrung unbegrenzt lange **ohne direkte Wasserzufuhr** aus.
- Biotische Faktoren sind z. B. **zwischenartliche** (interspezifische) **Konkurrenz**, **Parasitismus** und **Symbiose**.
- Bei zwischenartlicher Konkurrenz gilt das **Konkurrenzausschlussprinzip**: Stehen zwei Populationen in vielen wesentlichen Faktoren miteinander in Konkurrenz, so können auf Dauer nicht beide nebeneinander existieren – eine der beiden setzt sich vollständig durch.
- Zwischenartliche Konkurrenz wird vermieden, wenn jede Art ihre eigene **ökologische Nische** besetzt.
- Unter der **ökologischen Nische** einer bestimmten Organismenart versteht man
  - die Gesamtheit aller abiotischen und biotischen Umweltfaktoren, die für ihre Existenz notwendig sind,
  - das Wirkungsfeld der Art in ihrem Ökosystem.
- Unter **Parasitismus** versteht man das Zusammenleben von Angehörigen zweier Arten, wobei der eine Partner als Parasit (Schmarotzer) einseitig auf Kosten des anderen Partners, des Wirtes, lebt.
- Endoparasiten leben im Inneren ihres Wirts, **Ektoparasiten** piesacken ihn von außen.

  Stationäre Parasiten befallen ihren Wirt auf Dauer, **temporäre Parasiten** nur zeitweise.
- Bei Pflanzen unterscheidet man zwischen **Halbschmarotzern** und **Vollschmarotzern.** Halbschmarotzer entziehen ihrer Wirtspflanze Wasser und Nährsalze, betreiben aber selbstständig Fotosynthese.

  Vollschmarotzer hingegen entziehen ihrem Wirt sowohl Wasser und Nährsalze als auch organische Nährstoffe.
- Parasiten müssen einen Teil lebensnotwendiger Leistungen nicht selbst erbringen. Sie weisen deshalb häufig charakteristische **Organrückbildungen** auf.

- Unter **Symbiose** versteht man das Zusammenleben von Angehörigen zweier aneinander angepasster Arten zu gegenseitigem Nutzen.
- Bei der **Mykorrhiza** beispielsweise – der Symbiose zwischen den Wurzeln höherer Pflanzen und Pilzen – wird der Pilz vom Baum mit Kohlenhydraten versorgt. Umgekehrt liefert der Pilz Wasser und verbessert die Mineralstoffversorgung des Baumes.
- In manchen Fällen ist es nicht klar, ob es sich bei einem Organismus um einen Parasiten oder Symbionten handelt. So werden **Leguminosen** von **Knöllchenbakterien** zunächst im Stile von Parasiten befallen. Nach der Ausbildung von **Wurzelknöllchen** kommt es aber zur **symbiontischen Stickstofffixierung**.

C Eigenschaften natürlicher Populationen

Würde man ein einziges Bakterium, das wir mit unseren Fingerabdrücken auf dieser Buchseite hinterlassen haben, in ein geeignetes Kulturmedium bringen, in dem es selbst und alle seine Nachkommen optimale Lebensbedingungen vorfänden, so käme es zu einer raschen Vermehrung.

Bekanntlich pflanzen sich Bakterien durch Zweiteilung fort und manche von ihnen schaffen das durchaus alle 20 Minuten. In diesem Fall hätten wir nach nur acht Stunden bereits eine Bakterienpopulation von mehr als 16 Millionen Exemplaren.

Aufgabe

C01 a) Berechnen Sie für das im vorstehenden Text beschriebene Beispiel die genaue Bakterienanzahl nach 8 Stunden.

b) Erstellen Sie eine Tabelle, aus der die Anzahl der Bakterien für die ersten 20 Generationen hervorgeht.

1. Populationswachstum

Die grafische Darstellung des Wachstums der Bakterienpopulation zeigt ein typisches Bild *(vgl. Abb. 31)*.

Nach einer relativ sanften Anlaufphase ① kommt es zu einer regelrechten „Bevölkerungsexplosion" ②. Die Population zeigt **exponentielles Wachstum.**

Das Pfeildiagramm verdeutlicht den Automatismus, der dahintersteckt:

- Je größer die Anzahl der Individuen, desto größer die Anzahl der Nachkommen ③.
- Je größer die Anzahl der Nachkommen, desto größer wiederum die Anzahl der Individuen ④.

Die Population wächst quasi mit „Zins und Zinseszins".
Auch unter den höheren Lebewesen kann man wahre Vermehrungskünstler finden. Mäuse zum Beispiel pflanzen sich sehr rasch fort. Bereits zwanzig Tage nach der Befruchtung bringt ein Weibchen einen Wurf von bis zu acht Jungen zur Welt und säugt sie etwa einen Monat lang. Danach kann es erneut trächtig werden.

 Lösung Seite 105

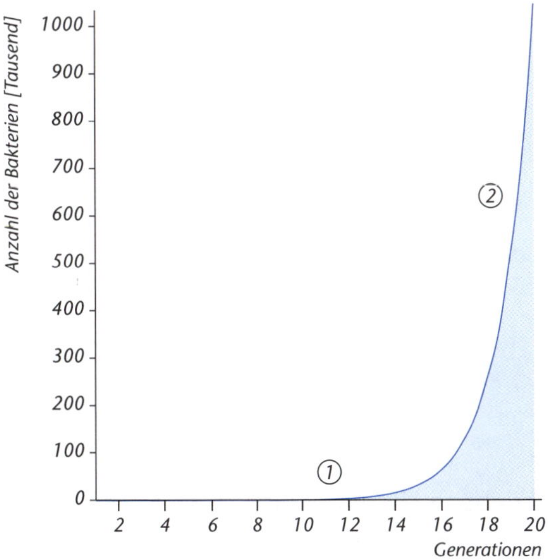

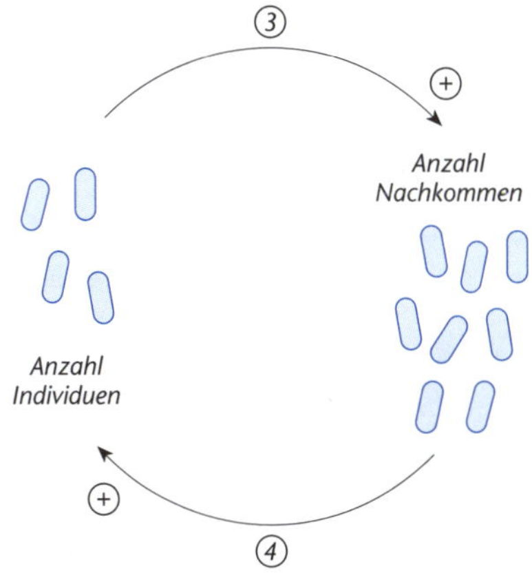

Abb. 31
Wachstum einer Bakterienpopulation

Nehmen wir an, in einem großen Getreidefeld leben 200 Mäuse und innerhalb eines Monats werden 100 zusätzlich geboren.

Aus dieser Angabe lässt sich die Geburtenrate berechnen:

Abb. 32
Mäuse im Getreidefeld

Definition

Unter der **Geburtenrate b** („birth") versteht man die Anzahl der neu hinzukommenden Individuen, geteilt durch die Anzahl der vorher vorhandenen.

Unterstellen wir weiter, dass innerhalb derselben Zeitspanne 20 der ursprünglich 200 Mäuse sterben.

Diese Veränderung lässt sich mit der Sterberate ausdrücken:

Definition

Unter der **Sterberate d** („death") versteht man die Anzahl der gestorbenen Individuen, geteilt durch die Anzahl der vorher vorhandenen.

Die eigentliche Wachstumsrate ergibt sich aus der Verrechnung von Geburten- und Sterberate:

Definition

Die **Wachstumsrate r** ist die **Differenz aus der Geburtsrate b und der Sterberate d.**

Aufgabe

C02 Berechnen Sie für die im Text beschriebene Mäusepopulation die Geburtenrate, die Sterberate und die Wachstumsrate.

Unter Verwendung der Wachstumsrate *(vgl. Lösung zu Aufgabe C02)* können wir die neue Bevölkerungszahl berechnen:

$N_{neu} = r \cdot N_{alt} + N_{alt}$

$N_{neu} = 0{,}4 \cdot 200 + 200 = 80 + 200 = 280$

Wir haben also einen Zuwachs von 80 Mäusen und es befinden sich insgesamt 280 Mäuse in dem Getreidefeld.

Bezeichnen wir die Ausgangspopulation als N_0 und die folgenden als N_1, N_2, N_3 usw., so gilt:

$N_1 = r \cdot N_0 + N_0$

$N_2 = r \cdot N_1 + N_1$

$N_3 = r \cdot N_2 + N_2$
usw.

Aufgabe

C03 Berechnen Sie die Werte für N_2 bis N_4 für das angegebene Mäusebeispiel.

Es ist sehr umständlich, im Stile von Aufgabe C03 die Bevölkerungszahl der Mäuse in späteren Generationen zu berechnen. Aber da hilft uns die Mathematik, die für unser Problem eine Formel liefert, die den Wachstumsvorgang beschreibt und nach der wir sofort die Anzahl N für eine x-beliebige Generation bestimmen können:

$N(t) = N_0 \cdot (1 + r)^t$

Ist N_0 die Anzahl der Mäuse zum Zeitpunkt „0", so ist N(t) die Anzahl der Mäuse zum Zeitpunkt t.

Bezogen auf unser Beispiel gilt:
$r = 0{,}4$;
t = jeweilige Anzahl von Monaten.

 Lösung Seite 105

Aufgabe

C04 Berechnen Sie unter Verwendung der Formel die Anzahl der Mäuse nach 10 und 15 Monaten (N_{10} und N_{15}).

Nach einigen Jahren ungebremsten Wachstums wäre die Erde regelrecht von Mäusen überschwemmt.

Die Bakterienkolonie, von der wir eingangs sprachen, würde bereits nach einem Monat mehr wiegen als die Galaxis, in der sich unser Blauer Planet befindet.

Unter natürlichen Bedingungen werden über kurz oder lang Grenzen des Wachstums erreicht.

Dies lässt sich an einer unter Laborbedingungen gehaltenen Bakterienkultur anschaulich belegen *(vgl. Abb. 33)*:

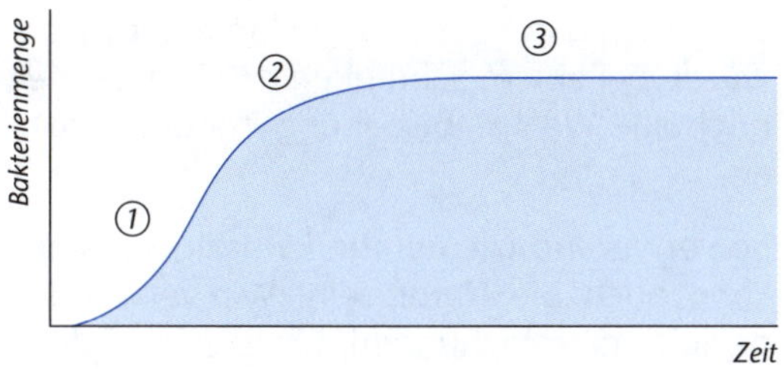

Abb. 33
Wachstum einer Bakterienkultur

Es zeigt sich, dass nach einer Phase des exponentiellen Wachstums ① die Wachstumsrate absinkt ② und schließlich eine **stationäre Phase** ③ erreicht wird, bei der sich die Individuenanzahl nicht mehr verändert. Das Kulturgefäß hat nur ein bestimmtes Fassungsvermögen, die Bakterienmenge ist an der **Kapazitätsgrenze*** angelangt. Die s-förmige Gestalt der Kurve ist typisch für das begrenzte Wachstum, das auch als „logistisches Wachstum" bezeichnet wird.

Auch bei größeren Organismen lässt sich unter bestimmten Umständen Vergleichbares feststellen, nämlich dann, wenn diese in eine neue Umwelt gelangen und sich für eine gewisse Zeit ungehindert vermehren können. So wurden im Jahre 1803 in Tasmanien, einer Insel südlich Australiens von etwa der Größe Bayerns, Schafe neu eingeführt. Auf der dünn besiedelten Insel wurden seither regelmäßig Bestandszählungen durchgeführt *(vgl. Abb. 34)*.

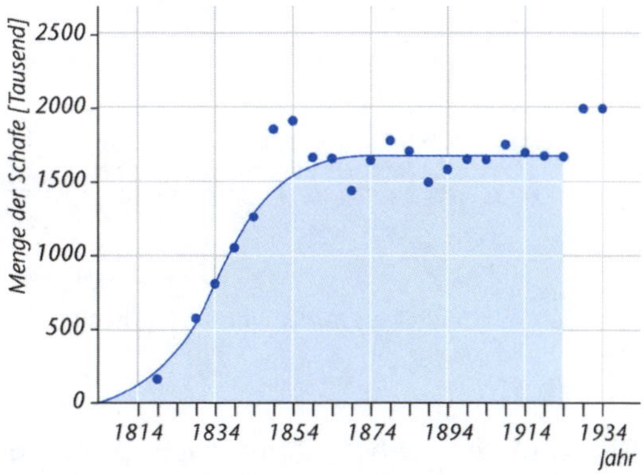

Abb. 34
Wachstum einer Population von Schafen nach Neueinführung auf der Insel Tasmanien

Auch in diesem Fall entspricht der Kurvenverlauf prinzipiell dem Ablauf, wie wir ihn von der Bakterienpopulation her kennen. Bei einem Wert von 1 700 000 Schafen – der Kapazitätsgrenze – wird hier eine Sättigung erreicht.

---

* Begriffe mit Sternchen werden im Glossar am Ende des Buches erläutert.

Betrachten wir das Diagramm genauer, so können wir feststellen, dass der Bestand der Schafe mal etwas unter diesem Wert, dann mal wieder über diesem Wert liegt. Die Anzahl der Tiere zeigt eine **Fluktuation***, sie pendelt um den Sättigungswert herum.

Die charakteristischen Bestandsschwankungen konnte man auch feststellen, als man im Themsegebiet in England über Jahrzehnte hinweg den Bestand an Graureihern erfasste *(vgl. Abb. 35)*.

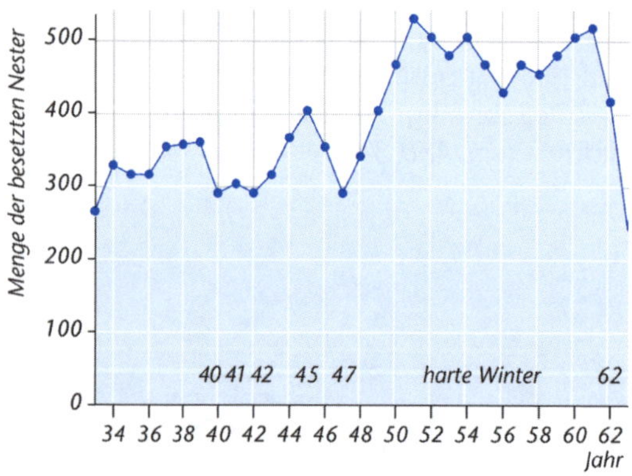

Abb. 35
Häufigkeit des Graureihers (Ardea cinerea) im Themsegebiet

Die Zahl der Reiher nahm nach strengen Wintern deutlich ab, um sich anschließend wieder zu erholen.

Was sind die Gründe für diese Bestandsabnahmen? Die Vermutung liegt nahe, dass es an der Kälte liegt. Die niedrigen Temperaturen in den strengen Wintern könnten sich **direkt** auf die Reiher ausgewirkt haben, sodass viele erfroren. Es wäre aber auch denkbar, dass die Reiher die Kälte eigentlich ganz gut ertragen konnten, aber die tiefen Temperaturen zur Abnahme ihrer Nahrung führten. Die Kälte hätte in diesem Fall nur **indirekt** auf die Reiherpopulation eingewirkt.

Dieses Beispiel deutet wieder mögliche Verflechtungen an, die uns Menschen das Verständnis der ökologischen Zusammenhänge häufig erschweren. Wir sind es gewöhnt, alles bequem an seinem Platz in einer Schublade zu haben. Wie verwirrend wäre für uns ein Schrank, bei dem eine Schublade nur aufgeht, wenn eine andere gleichzeitig halb aufgezogen und eine dritte fest zugedrückt wird, eine vierte gerade leer ist und eine weitere einen ganz bestimmten Inhalt birgt! Wer würde bei einem Schrank mit 10 Schubladen noch alle Wechselbeziehungen durchschauen?

So verwirrend wie der merkwürdige Schrank kann auch die Natur sein! Wir verwenden gezielt Vereinfachungen, um die Bezüge zu erfassen – machen quasi klar erkennbare Schubladen auf –, bevor wir sie zu einem Netzwerk zusammenführen.

2. Regelung der Populationsdichte

Bisher war nur von der Anzahl der Tiere oder ihrem Bestand die Rede. Ebenso wurde bei dem Begriff „Population" vorausgesetzt, dass man damit von Haus aus eine sinnvolle Vorstellung verbinden kann. Bevor wir in unseren Ausführungen fortfahren, vorab eine Begriffsklärung:

Definition

Unter **Population** versteht man die Gesamtheit der Individuen einer Organismenart, die zur gleichen Zeit in einem umgrenzten Gebiet lebt. (Eine Art ist wiederum eine Gruppe von Individuen, die in wesentlichen Merkmalen übereinstimmt.)

Die artgleichen Bakterien in einem Laborgefäß sind also ebenso als Population zu bezeichnen wie die erwähnten Schafe in Tasmanien oder sämtliche Mäuse auf einem Getreidefeld.

Definition

Unter **Populationsdichte** versteht man die Anzahl der Individuen einer Art im Verhältnis zu einer Fläche oder einem Volumen.

Als Beispiel führen wir die Populationsdichte einer Kiefernart (*Pinus taeda*) aus nordamerikanischen Wäldern *(vgl. Tab. 3)* auf. Die Tabelle zeigt: Je älter die Bäume, desto geringer die Populationsdichte.

Alter in Jahren	11	22	31	42	75
Dichte der Bäume pro 100 m²	27	18	15	12	3

Tabelle 3
Populationsdichte von *Pinus taeda* in Abhängigkeit vom Alter

Wir wenden uns nach dieser Begriffsklärung nun den Faktoren zu, die die Populationsdichte beeinflussen.

Kälteeinbrüche können dazu führen, dass der Fischbestand in Teichen absinkt. Dabei spielt es keine Rolle, ob in einem Teich die Populationsdichte klein oder groß ist.

Tritt ein Fluss im Frühjahr über seine Ufer, so kann das Wasser in das unterirdische Gängesystem von Mäusen eindringen. Ob eine Maus ertrinkt, hängt dann wiederum nicht davon ab, wie viele andere Mäuse noch auf dem Feld leben.

Die eben genannten Klimafaktoren wirken **dichteunabhängig**. Sie treffen kleine Populationen in gleicher Weise wie große.
Wenn im Winter eine Grippewelle herrscht, dann erteilen Ärzte den Rat, man solle Menschenansammlungen vermeiden, um das Ansteckungsrisiko gering zu halten. Aus medizinischen Gründen wäre es dann also durchaus ratsam, den Schulbesuch einzustellen und zu Hause alleine zu lernen. Erfahrungsgemäß leiden unter diesem Verhalten aber auf Dauer doch die schulischen Leistungen und man besucht vorsichtshalber seine diversen Kurse. In einem Kurs mit 12 Schülerinnen und Schülern ist man, was die Ansteckungswahrscheinlichkeit betrifft, dann sicherlich besser aufgehoben als in einem Kurs mit 24 Leuten. Auch die Anzahl der Passagiere im Schulbus auf der Heimfahrt spielt eine Rolle. Sitzt man dicht gedrängt, so befindet sich eher ein Keimträger in unmittelbarer Nähe, als wenn nur wenige mitfahren.

Entsprechendes gilt auch in der Natur: Ansteckende Krankheiten werden umso eher übertragen, je größer die Populationsdichte ist. Und die Häufung von Krankheiten in einer Population kann Auswirkungen sowohl auf die Geburten- als auch auf die Sterberate haben *(vgl. Abb. 36)*.

Derlei Beziehungen lassen sich gut als Pfeildiagramm darstellen *(vgl. Abb. 3b)*. Dabei bedeutet

–⊕→ je mehr, umso mehr **oder** je weniger, umso weniger;

–⊖→ je mehr, umso weniger **oder** je weniger, umso mehr.

Wenn auf einer Party zur Verpflegung 20 Pizzas angeliefert werden, dann löst das Freude aus, wenn 10 Gäste anwesend sind. Bei 50 Gästen hingegen gibt es lange Gesichter.

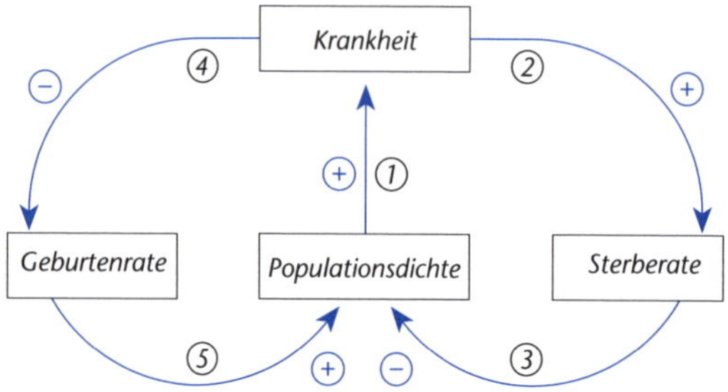

Abb. 36
Regelung der Populationsdichte durch den Faktor Krankheit

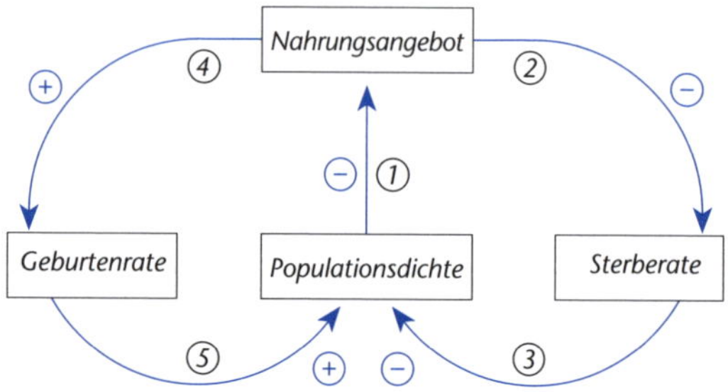

Abb. 37
Regelung der Populationsdichte durch den Faktor Nahrungsangebot

① Je größer die Populationsdichte ist, umso mehr Krankheitsfälle treten auf.

② Je stärker die Krankheit verbreitet ist, desto höher ist die Sterberate.

③ Je größer die Sterberate ist, umso geringer wird die Populationsdichte.

④ Je stärker die Krankheit verbreitet ist, desto geringer ist die Geburtenrate.

⑤ Je geringer die Geburtenrate ist, umso geringer wird die Populationsdichte.

Ebenso werden auf einer Weide von der Größe eines Fußballfeldes 20 Schafe satt. 1000 Schafe hingegen dürften da eher hungrig bleiben.

Unter natürlichen Bedingungen hat das Nahrungsangebot also ebenfalls Auswirkungen auf die Geburten- und Sterberate *(vgl. Abb. 37)*.

① Je größer die Populationsdichte ist, desto geringer wird das Nahrungsangebot pro Kopf.

② Je geringer das Nahrungsangebot ist, desto höher wird die Sterberate.

③ Je größer die Sterberate ist, umso geringer wird die Populationsdichte.

Aufgabe

C05 Bei den Erläuterungen zum Einfluss von ansteckenden Krankheiten und dem Nahrungsangebot begann die Überlegung jeweils mit großer Populationsdichte.

Formulieren Sie jeweils die analogen Vorgänge ausgehend von geringer Populationsdichte.

 Lösung Seite 106

④ Je geringer das Nahrungsangebot ist, desto kleiner wird die Geburtenrate.

⑤ Je geringer die Geburtenrate ist, umso geringer wird die Populationsdichte.

Sowohl ansteckende Krankheiten als auch ein zu geringes Nahrungsangebot führen bei großer Populationsdichte zu einem Absinken des Bestandes. Bei geringer Populationsdichte kann sich der Bestand hingegen erholen *(vgl. Lösung zu Aufgabe C05)*.

Die beiden Faktoren wirken **dichteabhängig**. Kleine Populationen sind anders betroffen als große.

Dichteabhängige Faktoren sind:

- ansteckende Krankheiten
- Nahrungsangebot
- Feinde
- Dichtestress, also sozialer Stress, der durch hohe Dichte verursacht wird

Aufgabe

C06 Stellen Sie den Einfluss des Faktors Dichtestress auf die Populationsdichte schematisch dar.

3. Räuber-Beute-Beziehung

Dem Faktor „Feind“ widmen wir eine ausführlichere Betrachtung. Wir beschränken uns dabei ganz bewusst auf den „Fressfeind“. Andere Möglichkeiten wie z. B. Parasiten lassen wir außer Acht.

Wer kennt nicht die dramatischen Aufnahmen aus Tierfilmen, wenn die Gazelle vom Löwenrudel gejagt wird, wenn der „Killer“-Wal Robben angreift oder das Krokodil das Gnu an der Tränke packt und in den Fluss zieht?

Aus eigener Anschauung kennen wir die Katze, die den Mäusen nachstellt, die Schwalbe, die Insekten fängt, die Amsel, die den Regenwurm aus der Erde zerrt.

Dieses „Fressen und Gefressenwerden“ findet breite Darstellung in sämtlichen Medien.

Abb. 38
Der Tiger – ein klassischer „Fressfeind“

Wenn wir die Gesetzmäßigkeiten studieren wollen, die für Populationen in Räuber-Beute-Beziehungen gelten, so sind wir auf Beobachtungen der betroffenen Arten angewiesen, die über mehrere Generationen hinweg angestellt wurden.

Ein vielzitiertes Beispiel, das Modellcharakter besitzt, ist die Beziehung zwischen Schneeschuhhasen und Luchsen auf Neufundland. Seit 1845 haben dort die Trapper der Hudson Bay Company ihre Fallen aufgestellt. Über den Verkauf der Felle wurde akribisch Buch geführt. Die Zahlen haben wir in eine grafische Darstellung umgesetzt *(vgl. Abb. 39)*:

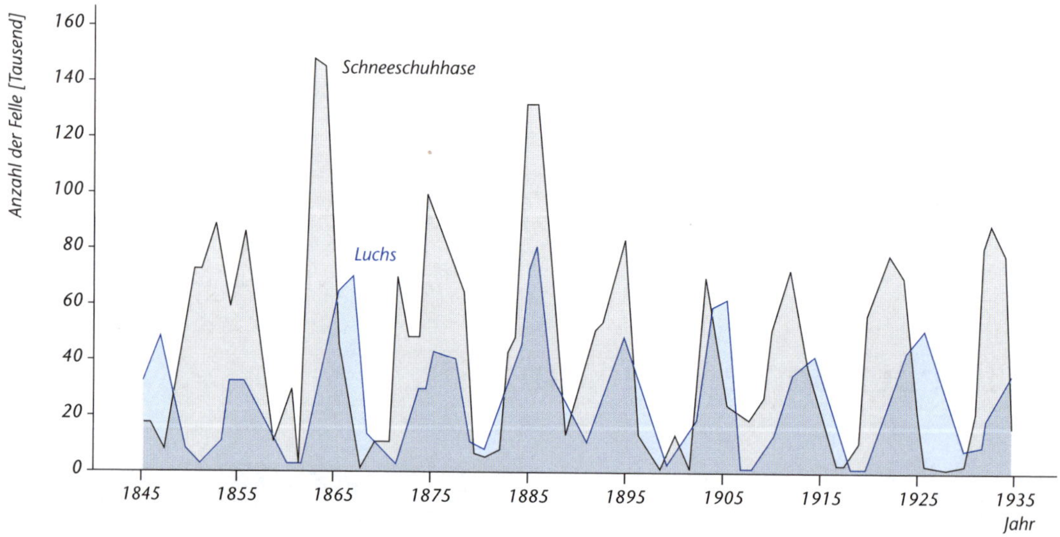

Abb. 39
Bestandsschwankungen am Beispiel Schneeschuhhase – Luchs

Räuber-Beute-Beziehungen lassen sich auch in Laborversuchen überprüfen. In einem Experiment wurden zwei Milbenarten in einer Art Terrarium ausgesetzt. Die eine Art *(Eotetranychus sexmaculatus)* ernährte sich von bereitgestellten Orangenschalen, die andere Art *(Typhodromus occidentalis)* hingegen räuberisch von der ersten Milbenspezies. Das Terrarium war so beschaffen, dass dem Räuber durch Hindernisse das Auffinden der Beute erschwert wurde. Unter diesen Bedingungen konnten beide Arten über längere Zeit koexistieren *(vgl. Abb. 40)*.

In beiden Fällen zeigt sich ein Auf und Ab in den Populationsdichtekurven sowohl der Beute als auch des Räubers. Man spricht vom **Massenwechsel** oder von **Dichtefluktuationen** beider Arten.

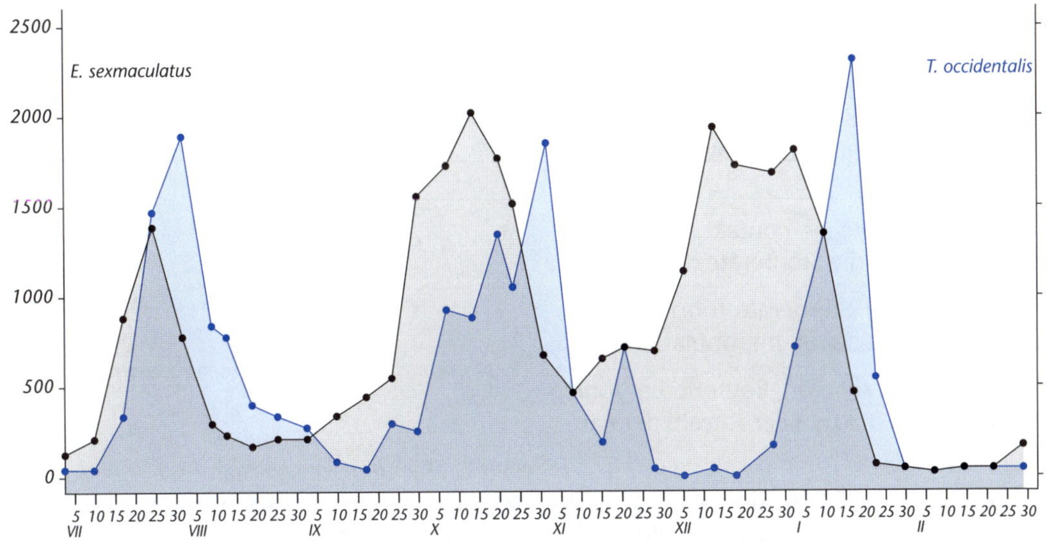

Abb. 40
Bestandsschwankungen im Experiment mit zwei Milbenarten

Aufgabe

C07 Vergleichen Sie in den Abbildungen 39 und 40 jeweils die Lage der Maxima der Populationsdichten von Räuber und Beute.

Zwischen Wachstumskurven von Räuber und Beute besteht ein Zusammenhang:

Einem Ansteigen der Beutetierdichte folgt ein Ansteigen der Räuberdichte und umgekehrt. Die Zwangsläufigkeit, die hinter diesem Phänomen steckt, lässt sich aus Abbildung 41 ableiten.

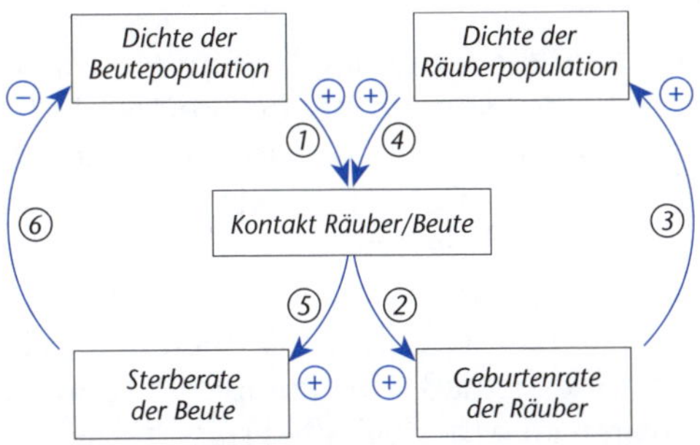

Aus dem Regelkreisschema ergibt sich, dass eine Zunahme der Beutepopulation zu einem Anwachsen der Räuberpopulation führt:

① Je mehr Beutetiere es gibt, desto häufiger trifft ein Räuber auf eines davon und kann es erbeuten.

② Je öfter ein solcher Kontakt stattfindet, desto größer wird die Geburtenrate der Räuber.

③ Ein Anstieg der Geburtenrate führt zu einer größeren Dichte der Räuberpopulation.

Abb. 41
Abhängigkeit der Dichten von Räuber- und Beutepopulation

Das Anwachsen der Räuberpopulation führt nach einiger Zeit zu einem Absinken der Beutepopulation:

④ Je mehr Räuber es gibt, desto häufiger trifft ein Beutetier auf einen davon und wird erlegt.

⑤ Je öfter ein solcher Kontakt stattfindet, desto größer wird die Sterberate der Beute.

⑥ Ein Anstieg der Sterberate führt zu einer geringeren Dichte der Beutepopulation.

Die niedrigere Zahl von Beutetieren führt dann zu einer Reduktion der Anzahl der Räuber.

Die Abnahme der Räuberpopulation erlaubt dann wieder das Anwachsen der Beutepopulation.

Anschließend beginnt dieser Zyklus wieder von vorne.

Diese Zusammenhänge führen zu Fluktuationen, die in idealisierter Weise in Abbildung 42 grafisch dargestellt sind.

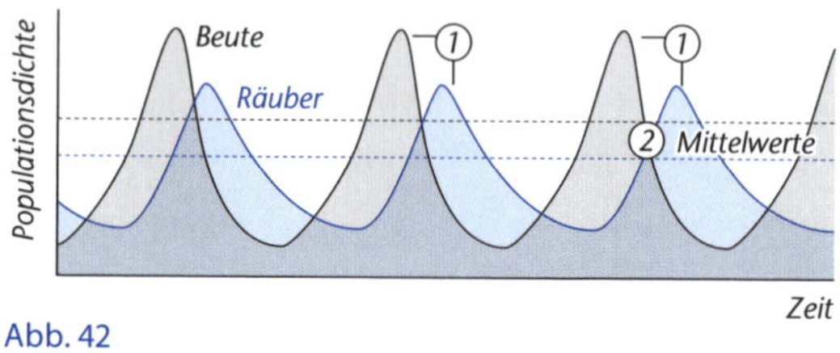

Abb. 42
Veränderung der Populationsdichten im System Räuber – Beute

Die Grafik zeigt die Verhältnisse, die auftreten, wenn davon ausgegangen wird, dass sich der Räuber nur von einer Beuteart ernährt und diese auch nur den einen Fressfeind hat. Dieser Fall wurde von dem Mathematiker Vito Volterra analysiert und in einem mathematischen Modell beschrieben, aus dem sich folgende Regeln ableiten lassen:

Regel

Volterra-Regel 1:
Räuber- und Beutedichten schwanken periodisch. Die jeweiligen Maxima sind dergestalt phasenweise verschoben, dass die Individuenzahlen in der Beutepopulation jeweils vor der Räuberpopulation ihre größte Amplitude erreichen ①.

Volterra-Regel 2:
Die Mittelwerte der Populationsgrößen von Räuber und Beute bleiben trotz aller Schwankungen langfristig konstant ②.

Eine weitere Regel bezieht sich auf die Auswirkungen von Gifteinsatz auf das System Räuber – Beute. *(Näheres dazu in Kap. E)*
Solche idealen Verhältnisse, wie sie dem mathematischen Modell Volterras zugrunde liegen, entsprechen natürlich nicht den Verhältnissen in freier Wildbahn. So haben wir im Luchs-Schneeschuhhase-Beispiel *(vgl. Abb. 39)* bewusst unterschlagen, dass dem Luchs auf Neufundland auch noch andere Beutetiere zur Verfügung stehen, wie z. B. die Karibus (nordamerikanische Rentiere). Bei einer Reise auf die kanadische Insel könnte man auch noch andere Beutetiere wie den Arktischen Schneehasen und auch einige andere Beutegreifer, z. B. diverse Raubvögel, finden – die natürlichen Verhältnisse sind erwartungsgemäß viel komplexer und erschweren eine modellhafte Erfassung.

Aufgaben

C08 Bis Mitte des 19. Jahrhunderts waren auf Neufundland Wölfe die Hauptfeinde der Karibus. Im Jahre 1864 wurden Schneeschuhhasen auf der Insel ausgesetzt, um den weißen Siedlern eine neue Nahrungsquelle zu erschließen. Die Wölfe hingegen wurden von den neuen Bewohnern ausgerottet. Von Karibus, Schneeschuhhasen und Luchsen liegen seit dieser Zeit kontinuierliche Bestandsaufnahmen vor, die in folgendem Diagramm auszugsweise wiedergegeben sind.

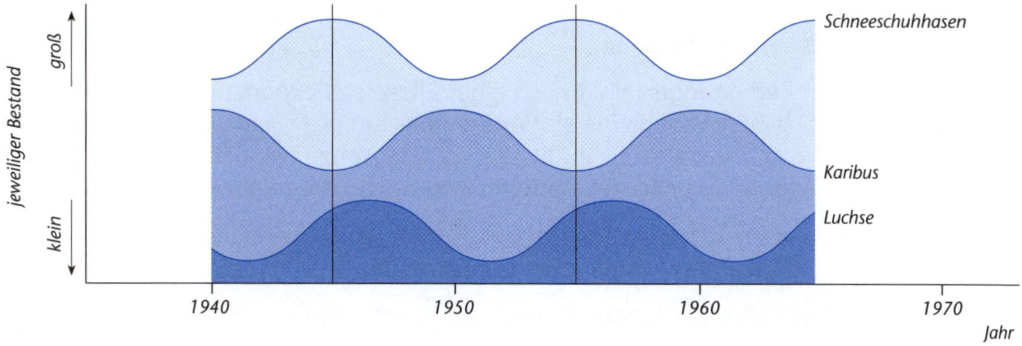

Abb. 43
Luchs, Karibu, Schneeschuhhase

Interpretieren Sie die Kurvenverläufe in Hinsicht auf die Beziehung der drei Tierarten zueinander!

C09 Untersuchungen von Schneeschuhhasen-Populationen in Gebieten, in denen der Luchs ausgerottet ist, ergaben eine regelmäßige Fluktuation bezüglich der Populationsdichte. Wodurch könnte dieser feindunabhängige Massenwechsel bedingt sein?

Lösung Seite 106

4. Zusammenfassung

- Populationen zeigen unter idealen Bedingungen (z.B. im Laborversuch) zunächst ein **exponentielles Wachstum**, das durch die **Wachstumsrate r** gekennzeichnet ist.
- Die Wachstumsrate ist die Differenz aus der Geburtenrate und der Sterberate.
- Unter der **Geburtenrate b** versteht man die Anzahl der neu hinzukommenden Individuen, geteilt durch die Anzahl der vorher vorhandenen.

  Unter der **Sterberate d** versteht man die Anzahl der gestorbenen Individuen, geteilt durch die Anzahl der vorher vorhandenen.
- Unter natürlichen Bedingungen sinkt nach einer Phase des exponentiellen Wachstums die Wachstumsrate. Schließlich wird eine **stationäre Phase** erreicht, bei der sich die Individuenanzahl nicht mehr verändert, da sie an der **Kapazitätsgrenze** angelangt ist. Typischerweise pendelt die Individuenzahl um den Sättigungswert herum, sie zeigt eine **Fluktuation**.
- Unter einer **Population** versteht man die Gesamtheit der Individuen einer Organismenart, die zur gleichen Zeit in einem umgrenzten Gebiet leben.
- Unter **Populationsdichte** versteht man die Anzahl der Individuen einer Art im Verhältnis zu einer Fläche oder einem Volumen.
- Die Populationsdichte wird durch zahlreiche Faktoren beeinflusst:
  - Klimafaktoren wie Kälteeinbrüche oder Überschwemmungen wirken **dichteunabhängig**. Sie treffen kleine Populationen in gleicher Weise wie große.
  - Faktoren wie ansteckende Krankheiten, Nahrungsangebot, Feinde und Dichtestress wirken **dichteabhängig**. Kleine Populationen sind anders betroffen als große.
- In einer **Räuber-Beute-Beziehung** zeigen beide Populationen charakteristische **Bestandsschwankungen**, d.h. es zeigt sich ein Auf und Ab in den Populationsdichtekurven sowohl der Beute als auch des Räubers. Man spricht vom **Massenwechsel** oder von **Dichtefluktuationen** beider Arten.
- Zwischen den Wachstumskurven von Räuber und Beute besteht ein Zusammenhang: Einem Ansteigen der Beutetierdichte folgt ein Ansteigen der Räuberdichte und umgekehrt.

- Wenn davon ausgegangen wird, dass sich der Räuber nur von einer Beuteart ernährt und diese auch nur den einen Fressfeind hat, gelten die Volterra-Regeln:
  - Volterra-Regel 1:

    Räuber- und Beutedichten schwanken periodisch. Die jeweiligen Maxima sind dergestalt phasenweise verschoben, dass die Individuenzahlen in der Beutepopulation jeweils vor der Räuberpopulation ihre größte Amplitude erreichen.
  - Volterra-Regel 2:

    Die Mittelwerte der Populationsgrößen von Räuber und Beute bleiben trotz aller Schwankungen langfristig konstant.
- Ideale Verhältnisse, wie sie dem mathematischen Modell Volterras zugrunde liegen, entsprechen nicht den Verhältnissen in freier Wildbahn, in der die Räuber in der Regel verschiedene Beutetierarten jagen und ein Beutetier von mehr als nur einer Räuberart gejagt wird.

D Ökosysteme

1. Was ist ein Ökosystem?

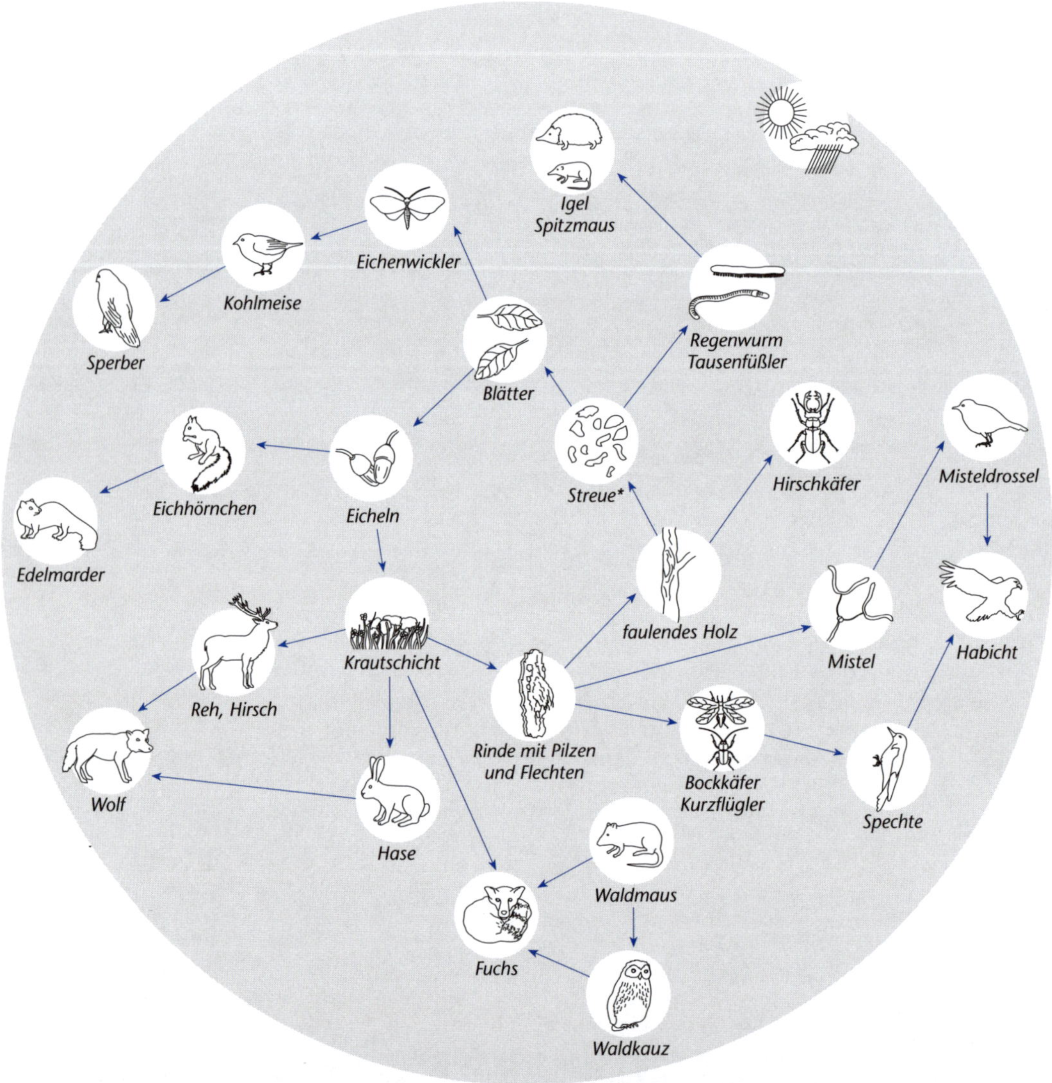

Abb. 44
Artengefüge im Eichenwald

Begeben wir uns auf einen Spaziergang durch einen Wald, mit der Absicht, möglichst viele verschiedene Arten von Lebewesen ausfindig zu machen, so stechen natürlich sofort die wegen ihrer Größe dominanten Bäume ins Auge. Im Geäst der Eichen, der Buchen oder Kiefern hören wir vielleicht die Geräusche von Vögeln: das Klopfen eines Buntspechts, das Zwitschern einer Meise, das sanfte Stimmchen eines Goldhähnchens oder den rauen Ruf eines Eichelhähers. Wahrscheinlich huscht auch mal ein Eichhörnchen an uns vorbei. Wenn der Wind richtig steht und wir uns leise verhalten, erhaschen wir vielleicht auf einer Waldlichtung einen Blick auf einige Rehe. Und wenn wir uns nach einer Weile zu einer Rast auf den Boden setzen, fällt unser Blick auf Moospolster, auf Pilze und etliches Kleingetier, wie Spinnen, Weberknechte, Ohrwürmer, Wanzen, Käfer, um nur eine kleine Auswahl zu nennen *(vgl. auch Abb. 44)*.

Der Wald ist also mehr als eine Menge von Bäumen. Er ist auch mehr als eine Ansammlung vieler verschiedener Arten von Lebewesen. Alle Organismen sind irgendwie „beschäftigt" und stehen dabei in mannigfaltiger Beziehung zu ihrer Umgebung.

So wie aus dem Zusammenschluss mehrerer Organe ein Organismus entsteht, der zu Leistungen befähigt ist, die für die Einzelorgane nicht möglich sind, so ist auch der Wald mehr als die Summe seiner Teile, er ist ein lebendiges **System**.

Definition

Ein **Ökosystem** ist das Wirkungsgefüge zwischen den Gliedern einer Lebensgemeinschaft und ihrem Lebensraum.

Die verschiedenen Lebewesen bilden dabei eine **Lebensgemeinschaft (Biozönose*)**, die einen bestimmten **Lebensraum (Biotop*)** besiedelt.

Einen Eindruck davon, dass ein Ökosystem wirklich mehr als die Summe seiner Teile ist, erhält man, wenn man sich seine vielen Funktionen vor Augen hält *(vgl. Abb. 45)*. Von einem intakten Wald profitiert sicherlich auch der Mensch.

Beispiele für verschiedene Ökosysteme sind Wälder, Wiesen, Flüsse, Seen, das Wattenmeer oder auch Wüsten. Alle Ökosysteme auf unserem Planeten zusammen bilden die **Biosphäre***. Überall in diesem von Lebewesen besiedelten Teil der Erde gelten die gleichen grundlegenden Regeln, die wir in den nächsten Abschnitten behandeln werden.

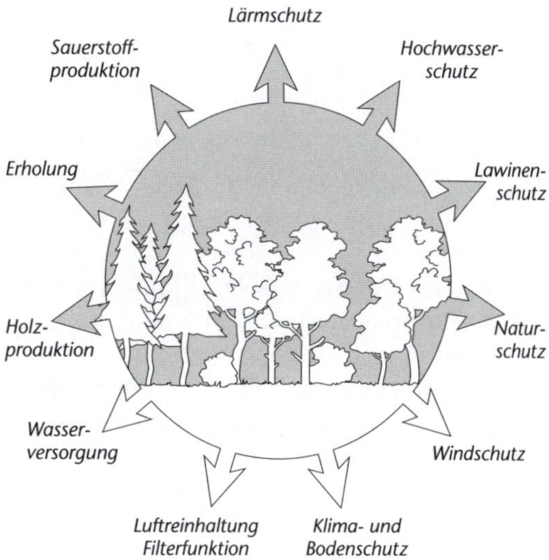

Abb. 45
Funktionen des Waldes

* Begriffe mit Sternchen werden im Glossar am Ende des Buches erläutert.

2. Der Stoffkreislauf

„Nahrung" entsteht in allen Ökosystemen durch die Leistung autotropher Organismen. Diese synthetisieren aus energiearmen anorganischen Stoffen (Wasser und Kohlendioxid) energiereiche Nährstoffe. Die dafür notwendige Energie beziehen sie entweder aus chemischen Vorgängen (Chemosynthese) oder aus dem Sonnenlicht (Fotosynthese).

Mit der Fähigkeit, die im Sonnenlicht enthaltene Energie zum Aufbau von organischer Substanz nutzbar zu machen, nehmen die grünen Pflanzen innerhalb der Organismen einer Biozönose eine Schlüsselstellung ein. Einen Überblick über die Gesamtzusammenhänge gibt Abbildung 46.

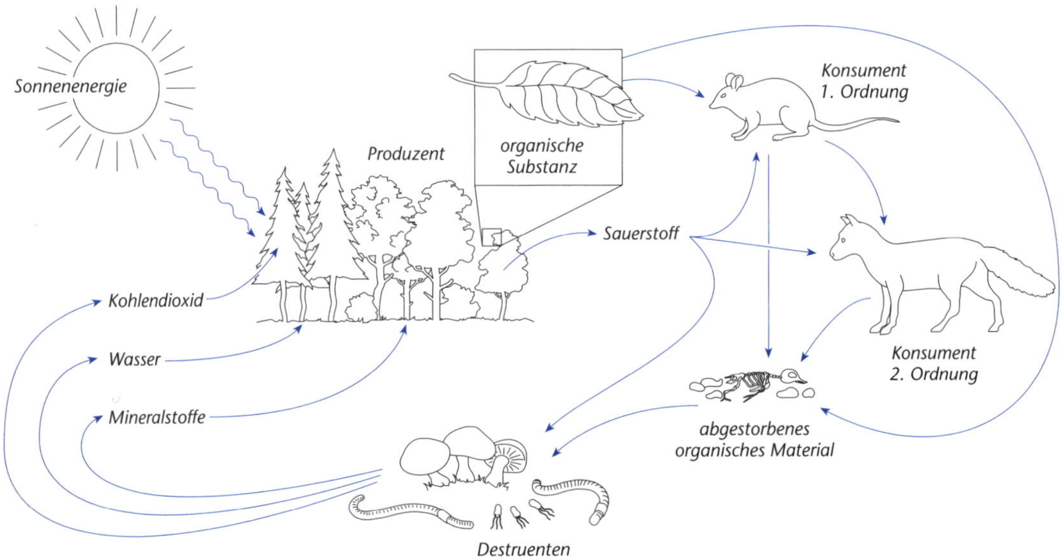

Abb. 46
Stoffkreislauf

Die fotosynthetisch aktiven Pflanzen stellen als die **Produzenten** im Ökosystem aus energiearmen anorganischen Verbindungen wie Wasser und Kohlendioxid energiereiche organische Substanz her. Von dieser ernähren sich die **Konsumenten**. Die sich unmittelbar von der Pflanze ernährenden Tiere werden Konsumenten **1. Ordnung** genannt. Tiere, die von diesen Pflanzenfressern leben, bezeichnet man als Konsumenten **2. Ordnung**. Mit dem Tod all dieser Organismen entsteht abgestorbenes organisches Material, das von **Destruenten*** (auch als **Reduzenten*** bezeichnet; z.B. Würmer, Pilze und Bakterien) zu energiearmer anorganischer Substanz abgebaut wird. Diese kann dann von den Pflanzen erneut in der Fotosynthese verwertet werden.

Die Pflanze als Produzent, die Maus als Pflanzenfresser, der Fuchs als Fleischfresser und Würmer und Mikroorganismen als Destruenten der organischen Stoffe bilden beispielhaft eine Reihe von Organismen, die ernährungsbedingt voneinander abhängen – eine **Nahrungskette**.

Nun werden aber Pflanzen auch von anderen Tieren als nur den Mäusen gefressen. Ebenso ernähren sich diese Nager von verschiedenen Futterpflanzen und haben noch andere Fressfeinde als Meister Reineke. Füchse schließlich jagen noch andere Tiere als Mäuse. Die Nahrungskette hat also etliche Verzweigungsstellen und wir können eher von einem **Nahrungsnetz** sprechen. Einen Eindruck von der Komplexität von Nahrungsgefügen sollen zwei Beispiele aus fernen Weltgegenden vermitteln: das Nahrungsnetz in den Gewässern der Antarktis und das Nahrungsnetz in der Savanne Ostafrikas *(vgl. Abb. 47 a und b)*.

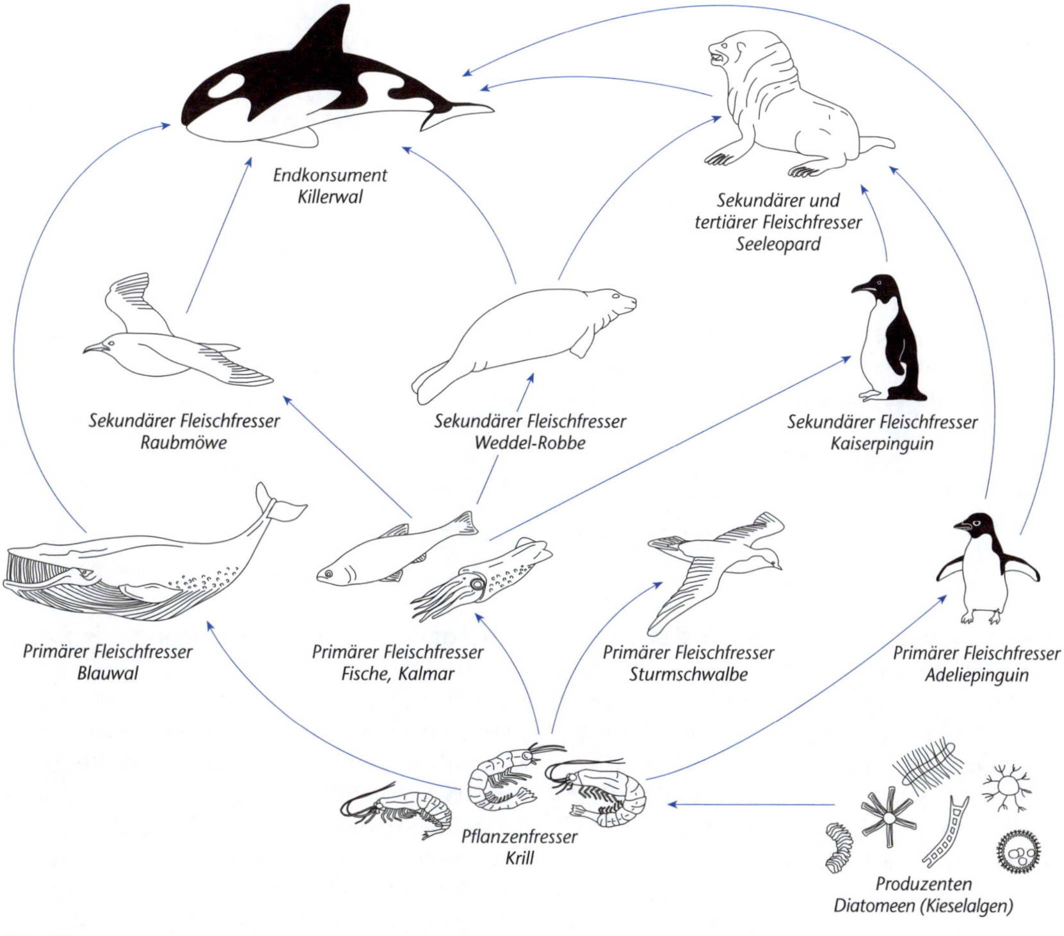

Abb. 47
Nahrungsnetze
a) in den Gewässern der Antarktis

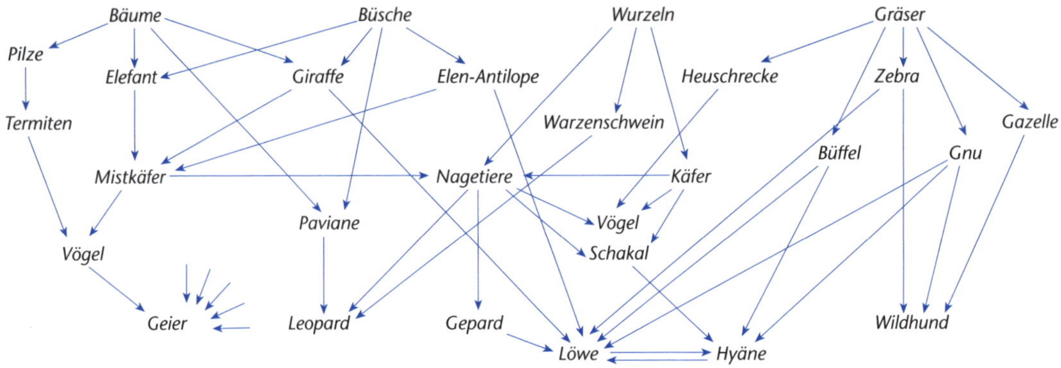

Abb. 47
Nahrungsnetze
b) in der Savanne Ostafrikas

Aufgabe

D01 In der Abbildung 47 a) wurden die übersetzten Bezeichnungen aus dem amerikanischen Original verwendet. Diese weichen von den von uns gewählten Begriffen ab. Ersetzen Sie die unterschiedlichen Ebenen von Fleischfressern durch die Kategorie der Konsumentenebenen.

3. Energiefluss in Ökosystemen

Ein charakteristisches Merkmal des Lebens ist es, aus wenig geordneten Systemen mehr Ordnung zu schaffen. Dies ist beileibe keine Selbstverständlichkeit: in der Natur herrscht eigentlich die Tendenz zur Unordnung. Wer das nicht glaubt, möge in Physikbüchern unter dem Stichwort „2. Hauptsatz der Thermodynamik" nachschlagen.
Vielleicht hilft zur Veranschaulichung auch die Erfahrung, dass in einer Wohnung, die nicht regelmäßig aufgeräumt wird, bald Kleidungsstücke, benutztes Geschirr, Bücher usw. verstreut umherliegen. Nur durch Energiezufuhr (d.h. Aufräumen, Spülen, Putzen …) kann der ursprüngliche Ordnungszustand wiederhergestellt werden.
Auch wenn lebende Systeme „Ordnung schaffen", z.B. aus einfachen Bausteinen die hochgeordneten Systeme eines pflanzlichen oder tierlichen Körpers aufbauen, ist Energie erforderlich, um die ordnenden Prozesse anzutreiben.
Wir haben bereits festgestellt, dass in den meisten Ökosystemen die Sonne der erste Energielieferant ist. Von dem auf die Erdoberfläche einfallenden Sonnenlicht verwenden die Pflanzen ca. 1–2% zur Stoffproduktion durch Fotosynthese. Die dabei insgesamt gebildete organische Substanz wird als die **Bruttoprimärproduktion** bezeichnet. Ein Teil davon wird von der Pflanze permanent zur Energiegewinnung durch Atmung verbraucht. Was letztendlich übrig bleibt, entspricht der **Nettoprimärproduktion**. Sie beträgt weltweit pro Jahr etwa 160000000 Tonnen. Ein Hektar Laubwald ist daran beispielsweise mit etwa 14 Tonnen beteiligt. Der Produktionsüberschuss führt zu einem Zuwachs an **Biomasse**.

Definition

Unter **Biomasse** versteht man die Gesamtheit an organischer Substanz aller lebenden, toten und zersetzten Organismen eines Lebensraumes oder auch der ganzen Erde.

Die durch die Fotosyntheseprozesse in Form energiereicher organischer Moleküle gespeicherte Energie wird dann quasi von Fressebene zu Fressebene weitergereicht. Das geht nach den Gesetzen der Thermodynamik nicht ohne Verluste.
Wir veranschaulichen diesen Zusammenhang mithilfe eines Schemas *(vgl. Abb. 48)*:

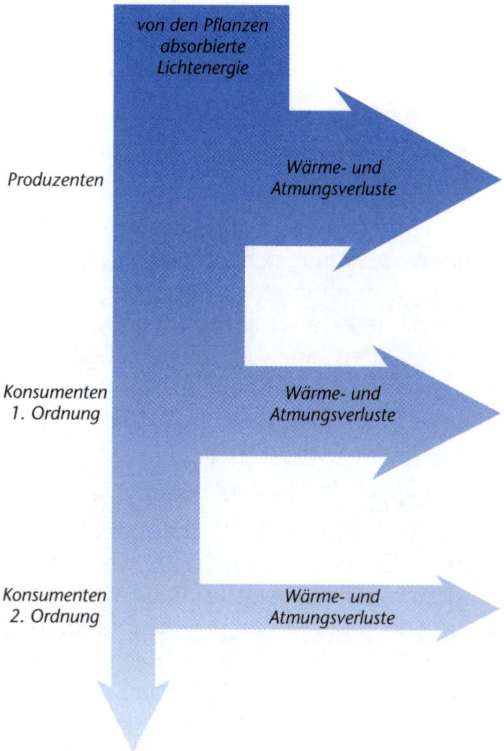

Abb. 48
Energiefluss im Ökosystem

Das Schema zeigt in stark vereinfachter Form den Energiefluss von den Produzenten über die Konsumenten 1. Ordnung zu den Konsumenten 2. Ordnung. Innerhalb jeder Trophieebene* kommt es zu erheblichen Wärme- und Atmungsverlusten und die von Trophieebene zu Trophieebene weitergeleitete Energiemenge nimmt dabei ab.

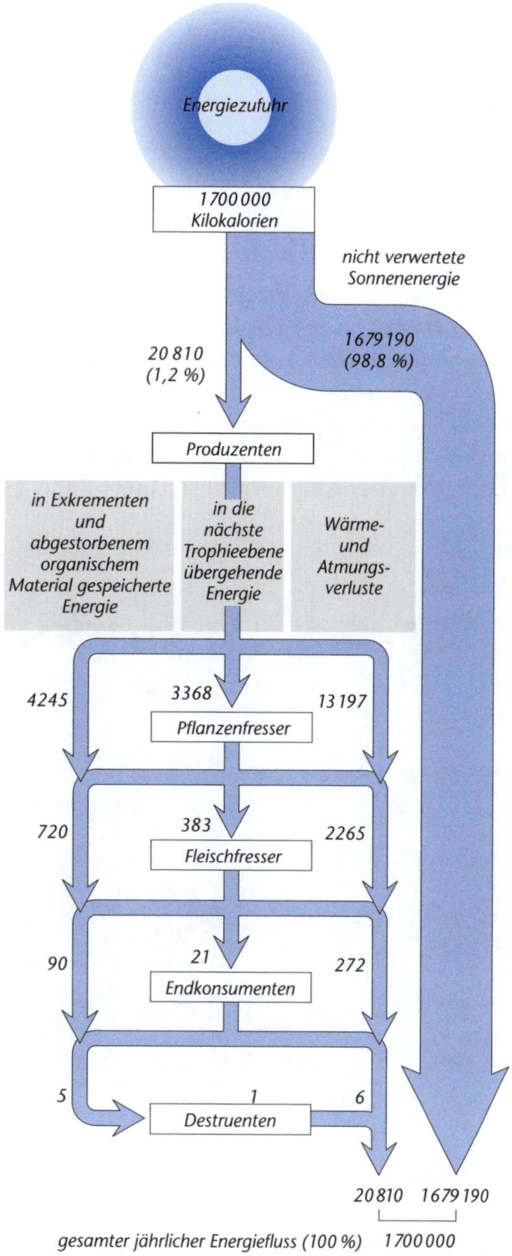

Abb. 49
Energiefluss in einem aquatischen Ökosystem in Silver Springs, Florida, in Kilokalorien/m³/Jahr

Die beschriebenen Verhältnisse variieren von Ökosystem zu Ökosystem. Anhand eines kleinen Flusses in Florida, von dem exakte Werte vorliegen, geben wir einen Einblick in reale Verhältnisse *(vgl. Abb. 49)*. Im genannten aquatischen Ökosystem sind Wasserpflanzen als Produzenten und hauptsächlich Insekten und Fische als Konsumenten der verschiedenen Ebenen vertreten. In diesem Beispiel lassen sich Etappen im Energiefluss mit konkreten Maßeinheiten belegen.

Aufgabe

D02 Berechnen Sie aus den Daten in Abbildung 49 jeweils, wie viel Prozent der Energie, die eine Trophieebene erreicht, in der nächsten noch übrig bleibt.

Von Trophieebene zu Trophieebene nimmt also die Menge der Energie ab, die zum Aufbau eigener Biomasse zur Verfügung steht *(vgl. auch Lösung von Aufgabe D02)*. Über den Daumen gepeilt kann man sagen, dass jeweils nur ein Zehntel der Energie in der nächsten Ebene ankommt. Und so nimmt es nicht wunder, dass wir bei einer Safari in der Serengeti in allererster Linie Gras sehen, dann etliche Gnus und nur wenige Löwen.

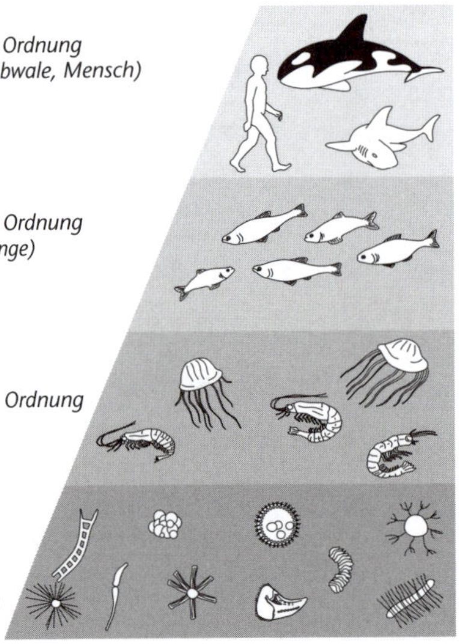

Abb. 50
Nahrungspyramide

Dieser Zusammenhang ergibt in grafischer Darstellung das Bild einer **„Nahrungspyramide"** *(vgl. Abb. 50)*.

Die tatsächliche Erfassung von Nahrungspyramiden gestaltet sich schwierig, weil die Nahrungsbeziehungen der Organismen untereinander derart komplex sind, dass sie einer genauen Analyse schwer zugänglich sind. Wir wählen deshalb für die folgende Aufgabe *(D03)* bewusst ein konstruiertes und stark vereinfachtes Beispiel.

(Der ökologische Begriff „Nahrungspyramide" wird manchmal fälschlicherweise für den Begriff „Ernährungspyramide" verwendet. Mit diesem meint man allerdings etwas ganz anderes. Es handelt sich um die Empfehlung für eine gesunde Ernährung, nach der man bestimmte Lebensmittelgruppen in unterschiedlichen, abgestuften Mengen zu sich nehmen soll. Diese ideale Ernährungspyramide basiert auf reichlich Getränken und rät zu abgestuften Anteilen von Getreideprodukten, Gemüse, Obst, Fisch, Fleisch und wenig Zucker und Fetten.)

 Lösung Seite 107

Aufgaben

D03 Nehmen wir an, ein Buckelwal würde nur Heringe fressen und davon etwa 5000 pro Tag. Ein Hering würde täglich direkt oder indirekt etwa 6000 Ruderfußkrebschen verzehren und ein solches Ruderfußkrebschen seinerseits würde pro Tag etwa 130 000 Kieselalgen zu sich nehmen. Berechnen Sie, von wie vielen Kieselalgen pro Tag sich in diesem Fall ein Buckelwal ernähren würde!

D04 Ebenso wie ein Nahrungspyramidenschema lässt sich auch eine „Energieflusspyramide" zeichnen. Setzen Sie die Daten aus Abbildung 49 in eine solche um.

D05 Manche Zeitgenossen sind der Überzeugung, dass es für uns Menschen sinnvoller sei, nicht das Hühnchen zu verspeisen, sondern dessen Futterkörner, lecker zubereitet, selbst zu essen. Worin besteht der ökologische Sinn?

4. Veränderung und Stabilität von Ökosystemen

Viele naturkundlich interessierte Menschen zieht es in Gebiete unberührter Natur wie z. B. das Hochgebirge. Dort lasten die Eismassen gewaltiger Gletscher auf den unter ihnen liegenden Felsen. Schmilzt das gefrorene Wasser dahin, wird das Eis weniger und der blanke Fels, der seit Tausenden von Jahren zugedeckt war, wird frei.

Für die Umgebung bedeutet dies absolutes Neuland. Solches Neuland findet sich auch, wenn durch einen unterseeischen Vulkanausbruch eine neue Insel entsteht. Auch wenn Vulkane oberirdisch ausbrechen, ist die erkaltende Lava zunächst unbesiedelt. Im Laufe der Zeit ändern sich die Verhältnisse: Lebewesen erobern das Neuland. Dabei kommt es zu einer typischen Abfolge von Lebensgemeinschaften, einer Sukzession*.

Die auftretenden Gesetzmäßigkeiten stellen wir am Beispiel der Besiedlung des Gebietes um die Glacier Bay dar, die uns schon aus der Einleitung vertraut ist *(vgl. Abb. 51)*.

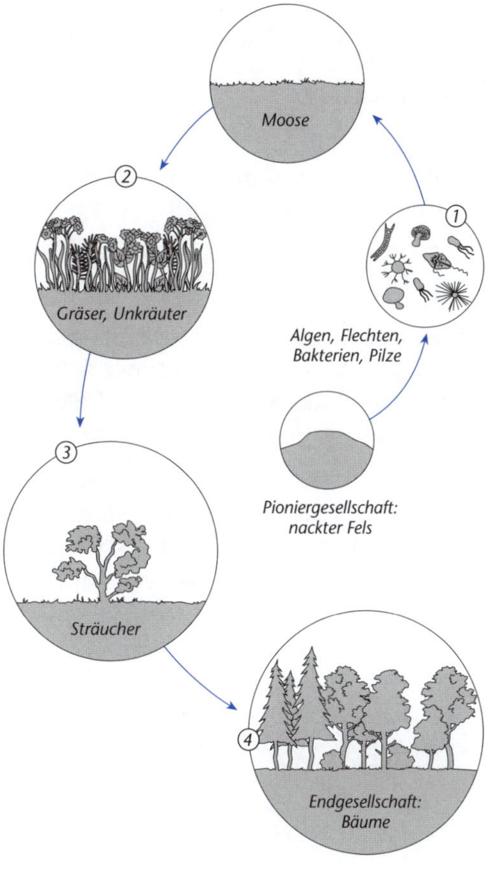

Abb. 51
Sukzession vom nackten Fels zum Wald

Zunächst siedeln sich auf den freigegebenen blanken Felsen **Pionierarten** an ①. Diese müssen auf dem nährstoffarmen Untergrund gedeihen können sowie mit der intensiven Sonneneinstrahlung und starken Temperaturschwankungen zurechtkommen. Zu diesen Erstbesiedlern gehören verschiedene Arten von Flechten, Algen, Bakterien und Pilzen.

Aufgabe

D06 Warum sind Flechten besonders gut geeignet, die Rolle als Pionierpflanzen zu übernehmen? Berücksichtigen Sie für Ihre Antwort auch die Ausführungen in Kapitel B.2.3.

Die Erstbesiedler sterben ab und im Laufe der Zeit häufen sich ihre Überreste an. Die Samen anderer Pflanzen, z.B. trockenheitsertragender Kräuter oder Gräser, können sich darin verfangen, auskeimen und finden nun genug Mineralstoffe, um erfolgreich gedeihen zu können ②. Kräuter und Gräser ihrerseits sind Wegbereiter für Sträucher ③, die dem Boden wiederum noch mehr Material zuführen, bis sich schließlich Bäume ansiedeln können. 100 Jahre nach der Freigabe blanken Felsens durch den Gletscher ist ein Wald entstanden ④. Dieser bildet im Gebiet der Glacier Bay im Südosten Alaskas das auch als **Klimax*** bezeichnete Endstadium der Sukzession.

Definition

Die **Klimax** ist der Zustand, in dem Tiere und Pflanzen und andere Organismen eine **stabile Lebensgemeinschaft** entwickelt haben, die bestehen bleibt, solange die klimatischen Verhältnisse konstant bleiben.

In Mitteleuropa bildet sich damit quasi ganz von selbst ein sommergrüner Laubwald, in den Prärieebenen des „Wilden Westens" Grasland und in arktischen Breiten Tundra aus.

In Fällen wie der beschriebenen Erstbesiedlung spricht man von **Primärsukzession**. Häufig muss aber gar kein Neuland besiedelt werden, sondern Biotope wurden durch Überschwemmungen, Feuersbrünste oder auf andere Weise zerstört. In diesem Falle kommt es zu einer **Sekundärsukzession**.

Als Beispiel können wir die Besiedlung eines Kahlschlags betrachten. Die daran beteiligten Pflanzenarten und ihre Aufeinanderfolge sind in Abbildung 52 dargestellt.

 Lösung Seite 107

Abb. 52
Sukzessionsstadien nach einem Kahlschlag in Mitteleuropa

Am Ende wird auch bei der Besiedlung eines Kahlschlags die Klimaxphase erreicht. Alle ökologischen Nischen *(vgl. Kap. B. 2.1)* sind durch dazu passende Populationen auf Dauer besetzt. Das Ökosystem befindet sich in einem Zustand der **Stabilität**. Ein solches System ist aber nicht starr. Es besitzt die Fähigkeit, auf Änderungen der Umwelt zu reagieren. Dabei kann es zu Verschiebungen der Anteile der Arten im Gesamtsystem kommen. Es können auch Arten durch andere ersetzt werden. Die Stabilität beinhaltet also die Möglichkeit, durch Anpassungsvorgänge ein Ökosystem als Ganzes zu erhalten.

Unreife Systeme — Sukzession →	Reife Systeme
wenige Arten: Überschuss an Produzenten	viele Arten: Gleichgewicht Produzenten/Konsumenten
hohe Produktivität bei wenig vorhandener Biomasse	viel vorhandene Biomasse
Organisationshöhe klein	Organisationshöhe groß
einfache und kurze Nahrungsketten	Nahrungsnetze
geringe Arten-Diversität	hohe Arten-Diversität
wenig spezialisierte Arten anpassungsfähig an eine in Veränderung begriffene Umwelt (plastisch)	hoher Anteil an Spezialisten unveränderlich in etwa gleichbleibender Umwelt (starr)

Tabelle 4
Vergleich von unreifen und reifen Ökosystemen

Aus der Aufstellung in Tabelle 4 ergibt sich, dass ein Ökosystem je nach Reifegrad unterschiedlich stark mit verschiedenen Arten besetzt ist. Offensichtlich erhöht sich im Verlaufe seiner Entwicklung die Mannigfaltigkeit der Organismen.

!

Zunehmende **Stabilität** ist verbunden mit zunehmender **Diversität***.

Mit gewissen Einschränkungen, auf deren Darstellung wir verzichten, kann im Umkehrschluss abgeleitet werden, dass artenreiche Lebensgemeinschaften stabiler sind als artenarme.

Das Prinzip der **biologischen Vielfalt** bezieht sich nicht nur auf den Artenreichtum innerhalb eines Ökosystems, sondern auch auf die genetische Variation innerhalb der einzelnen Arten sowie die Vielfalt an verschiedenen Ökosystemen. Insgesamt spricht man von **Biodiversität**.*

5. Das Ökosystem See

In letzten Kapitel wurden die allgemeinen Charakteristika von Ökosystemen herausgearbeitet. Spezielle Ökosysteme sind beispielsweise Laubwald, Hochmoor, Wattenmeer, Korallenriff und Sandwüste. Wir behandeln im Folgenden exemplarisch ein Ökosystem detaillierter, das uns allen aus eigenem Erleben vertraut ist.

In der schönen Sommerzeit packen wir die Badesachen ein und gehen entweder ins Freibad oder, wenn wir die Möglichkeit dazu haben, an einen See. Dort können wir uns sportlich betätigen, uns faul in der Sonne räkeln, uns zur Schau stellen und schauen, was es alles an Schönem zu gucken gibt.

Im gechlorten Schwimmbadwasser sind die anderen Badegäste die einzigen Lebewesen um uns herum.

Im natürlichen Gewässer ist das ganz anders. Ein mitteleuropäischer See ist Lebensraum für mehr als 5000 verschiedene Tierarten – die Pflanzenarten und Prokaryonten noch gar nicht mitgerechnet.

Der teilweise dramatische Schilfrückgang in den letzten Jahrzehnten, z. B. an den Berliner Havelseen oder dem oberbayrischen Starnberger See, führt jedoch wiederum zu einer Artenverarmung.

Osterseen südlich des Starnberger Sees, Oberbayern

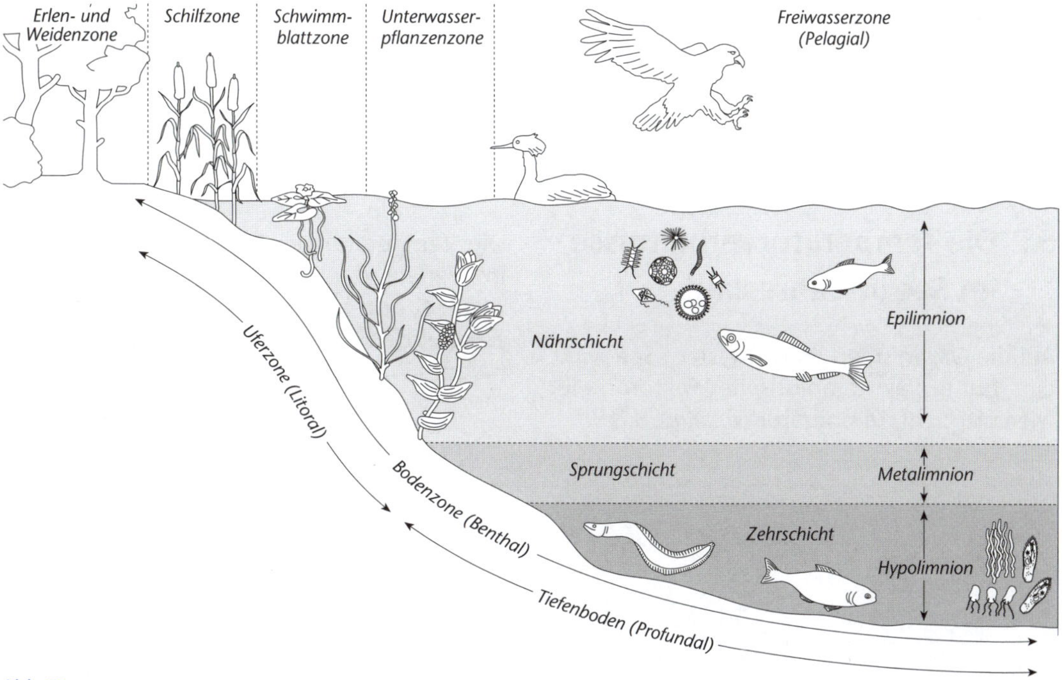

Abb. 53
Lebensräume im See

5.1 Gliederung des Sees

Nähern wir uns dem See, so passieren wir zunächst seine **Uferzone (Litoral*)**. Häufig finden sich dort Erlen und Weiden. In der anschließenden Schilfzone holen wir uns bereits nasse Füße. Mühen wir uns durch die enge Ansammlung von Schilfrohren und Rohrkolben weiter, können wir wasserwärts die Zone der Schwimmblattpflanzen sehen. Danach streicht unser Auge über die freie Wasseroberfläche. Die Zone der Unterwasserpflanzen im weiteren Uferbereich entzieht sich unserem Blick.
Eine Annäherung an einen See im eben beschrieben Stil sollten wir allerdings aus Rücksicht auf die Vogelwelt, die im Schilfgürtel Nahrung, Schutz und Brutmöglichkeiten findet, unterlassen.

Auf den Uferbereich des Sees folgt die **Freiwasserzone (Pelagial*)**. Sie bietet Lebensraum für das **Plankton*** und für Fische und wird in Schichten untergliedert: das lichtdurchflutete **Epilimnion*** mit warmem Wasser, das lichtlose **Hypolimnion*** mit kaltem Wasser und als Übergangsbereich das **Metalimnion***. Genaueres zur Ausbildung der Temperaturverteilung werden wir gleich anschließend in Kapitel 5.2. ausführen. Im oberen Bereich schweben mikroskopisch kleine Algen. In ihrer Gesamtheit bilden sie das **Phytoplankton***. Als Produzenten stellen sie die Nahrungsgrundlage für die anderen Lebewesen des Ökosystems See bereit. Deshalb wird die Schicht, in der sich die „Minipflanzen" befinden, auch als **Nährschicht** bezeichnet. Unten im See herrscht hingegen Dunkelheit. Die dort lebenden Organismen zehren von den Nährstoffen, die aus der Nährschicht absinken. Deshalb wird dieser Bereich auch **Zehrschicht** genannt. Ihre untere Begrenzung, der **Tiefenboden (Profundal*)**, ist zugleich der Abschluss der **Bodenzone (Benthal*)** des Sees und Aufenthaltsort für Würmer, Insektenlarven, Bakterien und Pilze.

Aufgabe

D07 Nennen Sie drei verschiedene räumliche Bereiche aus dem Lebensraum See und führen Sie exemplarisch Organismen auf, die in diesen Abschnitten leben.

5.2 Die Temperaturverhältnisse im See im Jahreslauf

Auf die Organismen im Ökosystem See wirkt eine bunte Palette abiotischer Faktoren ein, wie Luft, Licht, Temperatur *(vgl. Kap. B.1)*.

Die Temperaturverhältnisse verändern sich im Verlauf der Jahreszeiten erheblich *(vgl. Abb. 54)* und haben wichtige Auswirkungen z. B. auf den Sauerstoff- und Mineralstoffgehalt des Wassers.

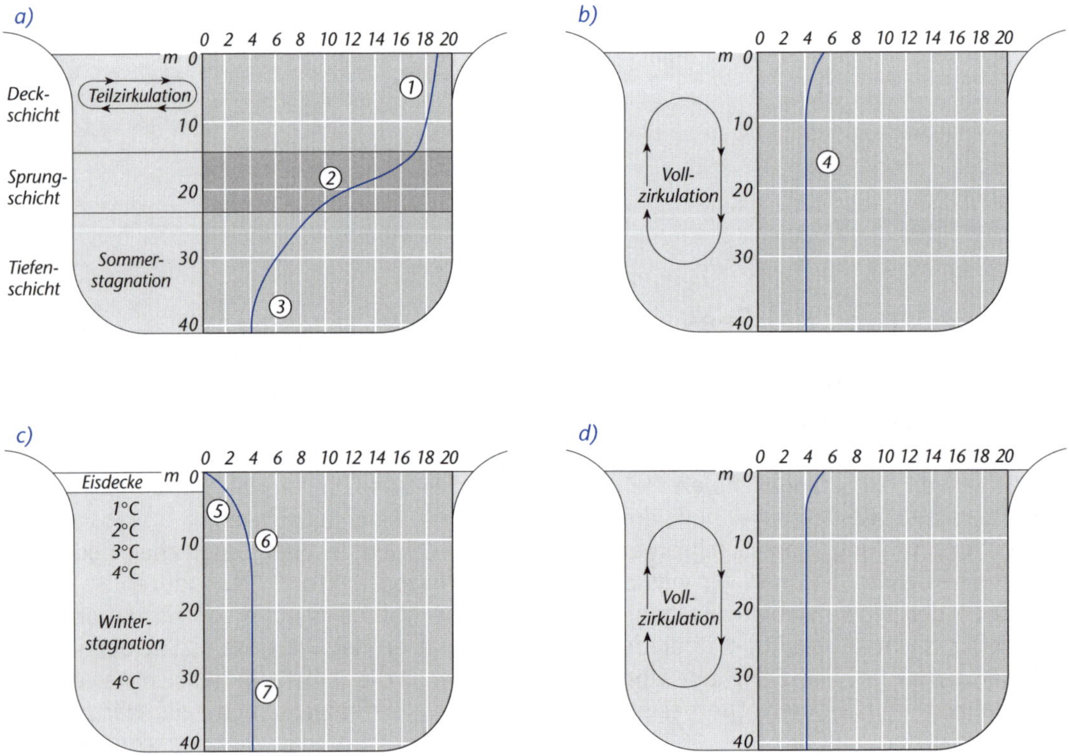

Abb. 54
Temperaturverhältnisse im Ökosystem See im Jahresablauf
a) Sommer b) Herbst
c) Winter d) Frühling

Würden wir im **Sommer** in die Tiefe des Sees hinabtauchen, so fiele uns eine Zone plötzlichen Temperaturabfalls auf, die charakteristisch für die Verhältnisse in dieser Jahreszeit ist *(Abb. 54 a)*:

① Direkt an der Wasseroberfläche werden sommerliche Wassertemperaturen gemessen. Diese hohen Temperaturen ändern sich mit zunehmender Tiefe zunächst kaum **(Deckschicht)**.

② In einer gewissen Tiefe ist die ins Wasser aufgenommene Sonnenstrahlung weitgehend absorbiert und es kommt zu einem plötzlichen starken Temperatursprung **(Sprungschicht)**.

③ Danach sinkt die Wassertemperatur noch bis auf +4°C ab. Dieser Wert wird bis zum Gewässerboden beibehalten **(Tiefenschicht)**.

Im **Herbst** stellen sich andere Verhältnisse ein *(Abb. 54 b)*:

④ Die Temperatur in der Deckschicht sinkt ab und schließlich hat der Wasserkörper im See überall eine gleichmäßige Temperatur von +4°C.

Wenn im **Winter** ein See „still und starr" ruht und wir mit unseren Schlittschuhen Kringel ins Eis kratzen, dann sind die Temperaturverhältnisse in seinem Wasserkörper ebenfalls sehr ausgeglichen *(Abb. 54 c)*:

⑤ Direkt unterhalb der Eisdecke wird eine Temperatur von 0°C gemessen.

⑥ Diese Temperatur steigt mit zunehmender Tiefe an und erreicht bald den Wert von +4°C.

⑦ Am Gewässerboden beträgt die Wassertemperatur ebenfalls +4°C.

Das Temperaturprofil im **Frühjahr** ist mit den Verhältnissen im **Herbst** identisch *(Abb. 54 d)*. Vergleicht man die Wassertemperaturen zu den verschiedenen Jahreszeiten, so fällt auf, dass die Temperatur am Gewässerboden stets +4°C beträgt. Ursache dafür ist, dass Wasser bei diesem Wert die größte Dichte besitzt. Die Eigenschaft, dass bei einem Stoff die feste Form leichter ist als die flüssige, ist eine Besonderheit in der Welt der Chemie. Normalerweise sind Stoffe im festen Aggregatzustand schwerer als in ihrem flüssigen Zustand: Beim Bleigießen an Silvester liegt das noch nicht geschmolzene Metall am Löffelboden. Anders beim Wasser: Eis schwimmt oben auf. Wer Näheres über das als „Anomalie des Wassers" bekannte Phänomen wissen will, kann sich in Abbildung 55 informieren.

Chiemsee mit Herreninsel, Oberbayern

Versuch

V03 Kämmen Sie Ihre möglichst sauberen und trockenen Haare mit einem Plastikkamm und halten Sie den dadurch aufgeladenen Kamm neben einen dünn wfließenden Wasserstrahl *(vgl. Abb. 55a).*

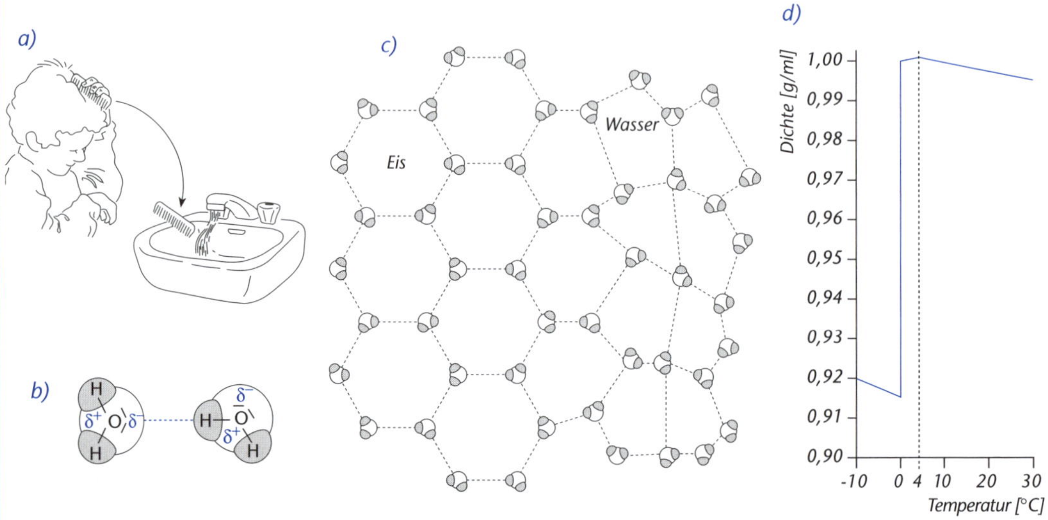

Abb. 55
Wasserstrahlversuch und Wasserstoffbrücken zwischen den Wassermolekülen

Der Wasserstrahl wird abgelenkt. Bei den Wassermolekülen wirken also Ladungen nach außen. Die Moleküle sind polarisiert und zwischen ihnen treten Wasserstoffbrückenbindungen auf *(vgl. Abb. 55b).* Im festen Aggregatzustand werden die Wassermoleküle durch diese relativ starken Anziehungskräfte in einem Gitter „festgezurrt", in dem sie einen vergleichsweise großen Abstand zueinander haben.

Beim Übergang in den flüssigen Aggregatzustand bricht dieses Gitter auf und die Moleküle „rücken enger zusammen" *(vgl. Abb. 55c).* Dadurch wird die Dichte des Wassers erhöht. Sie ist am höchsten bei +4°C *(vgl. Abb. 55d).*

Die Unterschiede in der Dichte des Wassers bei verschiedenen Temperaturen sind so groß, dass warmes Wasser deutlich leichter ist als kaltes Wasser. Die Auswirkungen dieses Phänomens können im folgenden Versuch 04 simuliert werden, der mit der erforderlichen Vorsicht (Strom!) auch selbst durchgeführt werden kann.

Wer dies tut, wird feststellen, dass im Fall des Aquariums 1 (überall gleiche Temperatur) der Farbstoff zu zirkulieren beginnt und sich im ganzen Gefäß verteilt (a) ④).

Im Fall von Aquarium 2 (Warmwasserschicht auf Kaltwasserschicht) ist das aber ganz anders. Der Farbstoff bleibt ruhig am Boden liegen. Farbstoffschlieren, die sich bei der Farbstoffzugabe in der Deckschicht gebildet haben, zirkulieren ausschließlich in der Warmwasserschicht (b) ④).

Der Versuch zeigt, dass eine Warmwasserschicht regelrecht auf einer Kaltwasserschicht aufschwimmt.

Versuch

V04 Wir benötigen zwei Aquarien oder größere Glaswannen (vgl. Abb. 56). Das eine Aquarium wird bis einige Zentimeter unterhalb seines Rands mit kaltem Leitungswasser gefüllt (a) ①).

Das andere wird zu 2/3 ebenfalls mit kaltem Leitungswasser gefüllt. Darüber schichtet man Wasser von etwa 40°C bis ebenfalls einige Zentimeter unterhalb des Gefäßrands (b) ①). Bei der Überschichtung muss man verhindern, dass sich die Wassersorten durchmischen. Man kann zu diesem Zweck z.B. das eingefüllte kalte Wasser mit einer passend zurechtgeschnittenen Plastikfolie abdecken und das warme Wasser vorsichtig darauf schütten. Anschließend zieht man die Folie vorsichtig heraus.

Danach lässt man in einer Ecke jedes Aquariums einige Kristalle Kaliumpermanganat absinken (a) ② und b) ②). Anschließend schaltet man ein Gebläse (z.B. Haarfön) ein und richtet es eine Weile schräg auf die Wasseroberfläche von Aquarium 1 und dann von Aquarium 2 (a) ③ und b) ③).

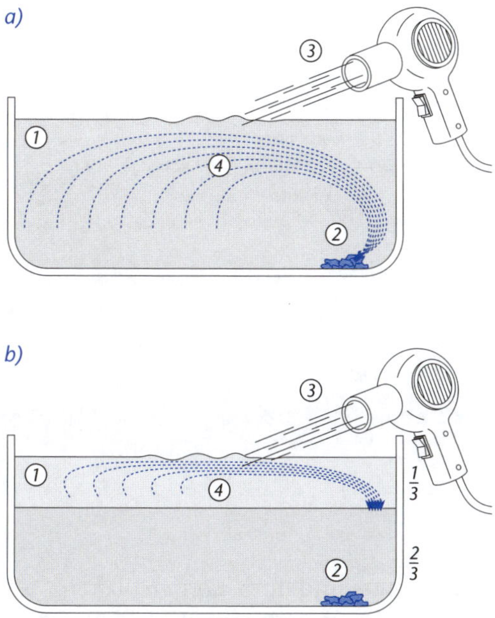

Abb. 56
Versuch zur Auswirkung der Wasserdichte

Deshalb kommt es in der warmen Jahreszeit zu einer **Sommerstagnation** im Hypolimnion eines Sees: Stoffe im Epilimnion, z.B. vom Phytoplankton produzierter Sauerstoff, können nur in der Deckschicht selbst kreisen **(Teilzirkulation)** *(vgl. auch Abb. 54).*

Im Herbst und im Frühjahr ist die Temperatur im Wasserkörper des Sees ausgeglichen. Setzen Stürme ein, was in unseren Breiten typisch vor allem für den Herbst ist, so treibt der starke Wind das Wasser vor sich her. Auf der dem Wind zugewandten Seite sinkt der Wasserspiegel, auf der dem Wind abgewandten Seite steigt er, und das Wasser beginnt hier in die Tiefe zu sinken. Dieses Absinken setzt sich bis auf den Gewässerboden fort und es kommt eine **Vollzirkulation** des Wassers in Gang, bei der Stoffe im ganzen See umgewälzt werden *(vgl. Abb. 54).*

Im Winter bildet sich eine Eisschicht auf dem Wasser und schirmt es von äußeren Einflüssen ab. Die **Winterstagnation** erfasst den ganzen See *(vgl. Abb. 54).*

Zirkulation und Stagnation haben deutliche Auswirkungen auf die Stoffverteilung im Wasserkörper. Damit beeinflussen sie die Vorgänge, die beim Stoffkreislauf im Ökosystem See ablaufen, auf entscheidende Weise.

5.3 Stoffkreislauf im See

Der Kreislauf der Stoffe im See läuft nach demselben, bereits bekannten Muster ab wie in Ökosystemen generell *(vgl. Abb. 57)*.

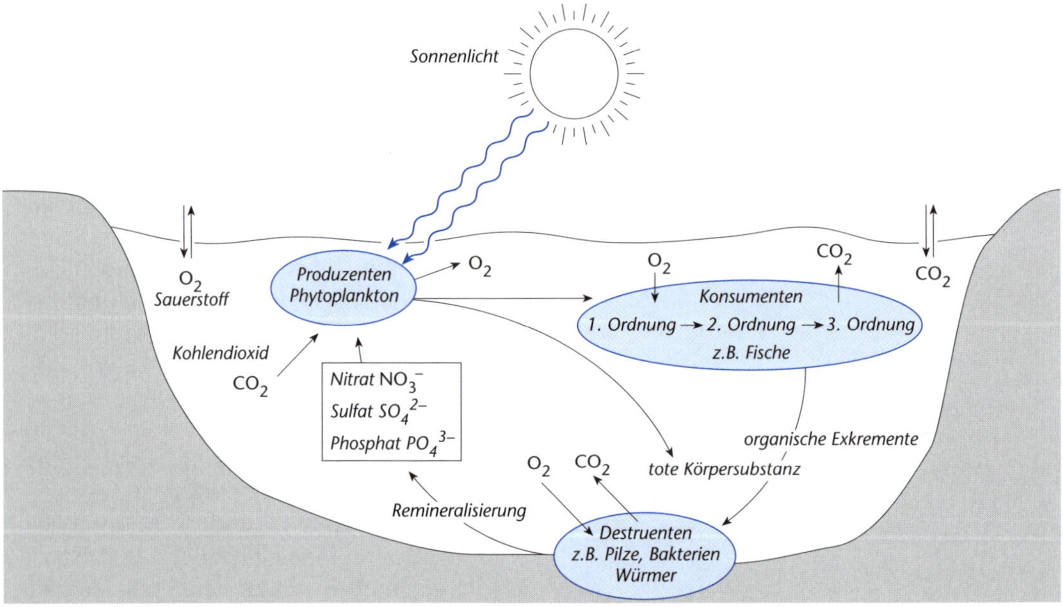

Abb. 57
Stoffkreislauf im Ökosystem See

Produzenten von Biomasse sind in diesem Fall verschiedene Algensorten als Organismen des Phytoplanktons. Sie können die Fotosyntheseprozesse nur in der vom Sonnenlicht erhellten Deckschicht ablaufen lassen. Dafür benötigtes Wasser steht ihnen im See natürlich im Überfluss zur Verfügung. Anderes notwendiges Material (Kohlendioxid und Mineralstoffe wie Nitrate, Sulfate und Phosphate) ist im Wasser gelöst. Bei der Fotosynthese gebildeter Sauerstoff gelangt in die obere Wasserschicht.

Zu der Kette von Konsumenten, die – prinzipiell im ganzen Wasserkörper – die energiereiche organische Substanz verwerten, gehören das Zooplankton, Insekten, Friedfische, Raubfische und Wasservögel.

Exkremente und tote Körpersubstanz werden am Gewässerboden von den Destruenten (Reduzenten) unter Sauerstoffverbrauch verwertet und remineralisiert. Dabei werden Nitrate, Sulfate und Phosphate wieder freigesetzt.

Um den Stoffkreislauf zu schließen, müssen diese Mineralstoffe wieder dorthin gelangen, wo das Phytoplankton tätig ist. Ebenso benötigen die Destruenten Nachschub an Sauerstoff, der aber nicht in der dunklen Tiefe des Sees, sondern nur in der Deckschicht gebildet werden kann.

Aufgabe

D08 Von den Produzenten im Sommer hergestellter Sauerstoff wird von den Destruenten am Gewässerboden benötigt. Umgekehrt schließt sich der Stoffkreislauf nur, wenn die von den Destruenten freigesetzten Mineralstoffe zum Phytoplankton in die oberen Wasserschichten gelangen können.

a) Warum ist dieser Stoffaustausch im Sommer nicht möglich?

b) Wann und wie findet er statt?

Der Stoffaustausch zwischen den Schichten ist wegen der Temperaturverhältnisse im Sommer nicht möglich. Infolge der unterschiedlichen Wasserdichte bei unterschiedlicher Temperatur schwimmt die Warmwasserschicht regelrecht auf der Kaltwasserschicht und Umwälzungsvorgänge erfassen nur die Deckschicht. Erst im Herbst bei ausgeglichener Temperatur werden im Rahmen der Vollzirkulation Sauerstoff und Mineralstoffe im ganzen Wasserkörper neu verteilt. Die Umwälzung wird durch Herbststürme ausgelöst. Über die dabei aufgepeitschte Wasseroberfläche wird zusätzlich Sauerstoff aus der Luft aufgenommen. An den so entstandenen Verhältnissen kann sich im Winter – wenn es eine Eisdecke gibt – nichts ändern. Im Frühjahr führen erneute Stürme zu einer weiteren Vollzirkulation.
Zu Beginn des Sommers befindet sich dann wieder genug Sauerstoff in der Tiefenschicht, um den Destruenten das Leben zu ermöglichen. Diese können dann alles abgestorbene Material, ganz gleich ob pflanzlichen oder tierlichen Ursprungs, abbauen und dem Stoffkreislauf zuführen. Und dies geschieht jedes Jahr erneut. Der See besitzt die Fähigkeit zur **Selbstreinigung**.

Aufgabe

D09 Ordnen Sie den Kurven (1–4) im Diagramm in Abbildung 58 folgende Begriffe zu:
a) Temperatur
b) Licht
c) Phytoplankton
d) Mineralstoffe

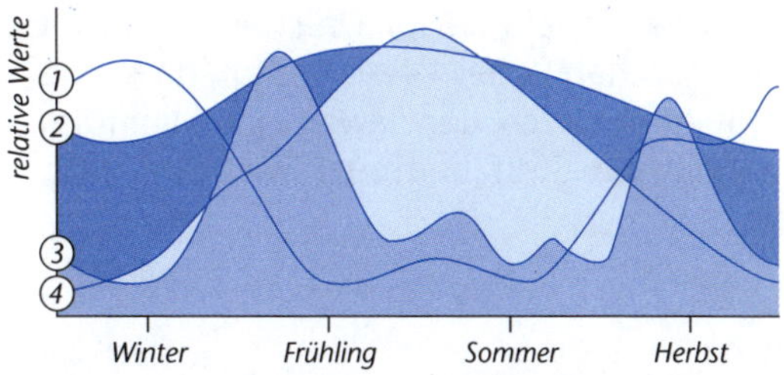

Abb. 58
Schwankungen im Ökosystem See im Jahresverlauf (Messwerte aus der Deckschicht)

5.4 Eutrophierung

Voraussetzung dafür, dass die Selbstreinigung des Sees funktioniert, ist, dass die Produktion von Biomasse im See nicht mehr Material liefert als die Destruenten abbauen können. Nach der Intensität der pflanzlichen Produktion kann man Seen in zwei Kategorien einteilen:

Oligotrophe* (nährstoffarme) Seen sind vom Menschen nicht oder kaum beeinflusst und weisen eine große Gewässertiefe auf. Ihr Wasser ist klar und arm an Mineralstoffen, das Ufer kaum bewachsen.

Eutrophe* (nährstoffreiche) Seen sind häufig vom Menschen beeinflusste *(vgl. Kap. E)* flache Gewässer. Die Sichttiefe ist gering, das Wasser mineralstoffreich, das Ufer breit und dicht bewachsen.

In einem oligotrophen See ist die Produktion von Biomasse dadurch begrenzt, dass ein von den Algen benötigter Stoff im Wasser nur in ganz geringen Mengen vorhanden ist. Es handelt sich dabei um Phosphationen (PO_4^{3-}), die von den Pflanzen zum Aufbau von Nukleotiden benötigt werden. In einem Gewässer, in dem auch in der Tiefe stets genug Sauerstoff vorhanden ist – was in einem oligotrophen Gewässer der Fall ist –, werden gut lösliche Phosphationen nämlich am Grund des Sees als schwer lösliches Eisen-III-phosphat ($FePO_4$) ausgefällt *(vgl. Abb. 59)*.

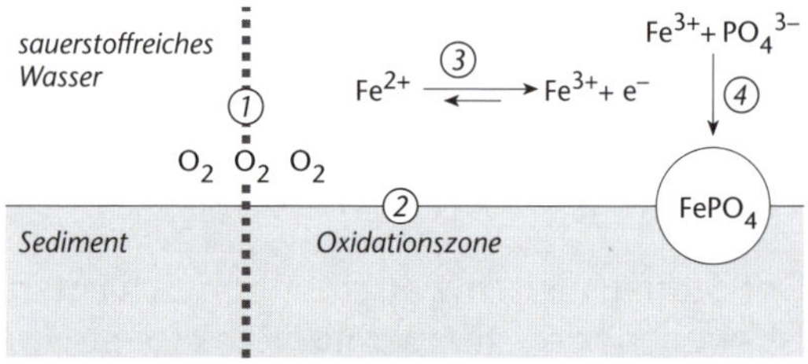

Abb. 59
Phosphatfalle

Solange am Gewässerboden genügend Sauerstoff (O_2) vorhanden ist ①, wirkt die Sedimentoberfläche oxidierend ②. Dies hat zur Folge, dass die in ihrem Bereich vorhandenen Eisenionen hauptsächlich als Fe^{3+}-Ionen vorliegen ③. Die Fe^{3+}-Ionen verbinden sich mit Phosphationen (PO_4^{3-}) zu schwer löslichem Eisen-III-phosphat ($FePO_4$) ④. Auf diese Weise werden die **Phosphationen dem Stoffkreislauf** des Sees **entzogen**.

!

Die Konzentration des Phosphats begrenzt als **Minimumfaktor** das Wachstum des Phytoplanktons.

Dieser Fall ist ein Beispiel für die Gültigkeit der LIEBIGschen Regel. Diese besagt, dass jede Produktion durch den jeweils im Minimum befindlichen Stoff begrenzt wird *(vgl. Abb. 60)*.

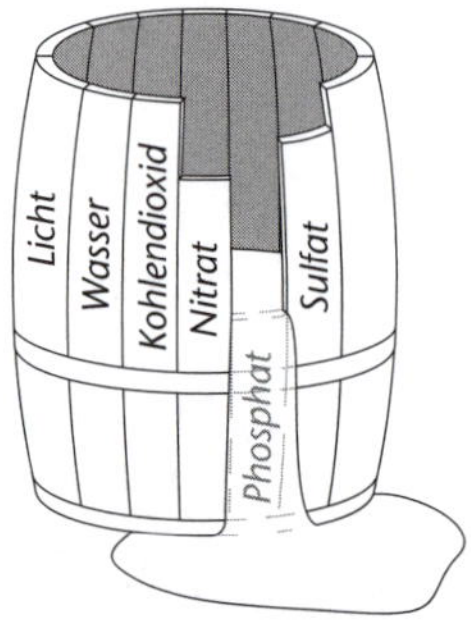

Abb. 60
Veranschaulichung der Liebigschen Regel

Planen wir etwa die Bewirtung von 50 Partygästen mit Hotdogs, so nützt es uns nichts, wenn wir 80 Brötchen sowie Senf und Ketchup im Überfluss haben, aber nur 20 Würstchen. Die Frankfurter begrenzen dann als Minimumfaktor die Produktion der Hotdogs!

Begeben wir uns auf eine gedankliche Zeitreise um 20000 Jahre zurück zum Höhepunkt der letzten Eiszeit. Damals hobelten gewaltige Gletscherzungen Vertiefungen in den Untergrund. Als das Klima wärmer wurde und die Eismassen zurückwichen, blieben eisgefüllte Senken zurück. Das Eis schmolz und es entstanden Seen. In diesem allerfrühesten „Jugendstadium" waren sie alle nährstoffarm. Einige, wie beispielsweise der Königssee in den Bayerischen Alpen, sind es auch heute noch.

Mit der Zeit gelangen aber in alle Seen, z. B. über Zuflüsse oder per Windverfrachtung, zusätzliche Mineralstoffe und auch organisches Material wie herangewehte Blätter *(zu Veränderungen durch menschliche Einflüsse vgl. Kap. E.2)*. Die Verhältnisse im See ändern sich, es kommt zur Eutrophierung.

Definition

Unter **Eutrophierung** versteht man Vorgänge, die zur Anhäufung von Nährstoffen und damit zu erhöhter Produktion führen.

Damit nimmt die Biomasse in den Seen beständig zu. Ausgehend von einer Vermehrung des Phytoplanktons nimmt auch die Zahl der Konsumenten zu; beispielsweise erhöht sich der Fischbestand. Die Destruenten bekommen dadurch mehr abgestorbenes Material zur Verwertung und können sich vermehren. Folge ist der wachsende Verbrauch von Sauerstoff. Schließlich kommt es am Ende der Sommerstagnation zu einem Sauerstoffmangel in der Tiefenschicht und das abgestorbene Material kann nicht mehr remineralisiert werden. Es kommt zur Ablagerung einer Schlammschicht. Im Laufe der Zeit führt dies zu einer Verlandung von Seen. Eutrophierung ist ein natürlicher Vorgang bei der Alterung eines Sees, der etliche Tausend Jahre dauern kann. Unter dem Einfluss der von Menschen verursachten Umweltänderungen kann sich dieser Prozess aber dramatisch beschleunigen.

6. Zusammenfassung

- Ein **Ökosystem** ist das Wirkungsgefüge zwischen den Gliedern einer **Lebensgemeinschaft (Biozönose)** und ihrem **Lebensraum (Biotop)**.
- Beispiele für verschiedene Ökosysteme sind Wälder, Wiesen, Flüsse, Seen, das Wattenmeer oder Wüsten.
- Alle Ökosysteme auf unserem Planeten zusammen bilden die **Biosphäre**.
- Die fotosynthetisch aktiven Pflanzen stellen als die **Produzenten** eines Ökosystems energiereiche organische Substanz her. Von dieser ernähren sich die **Konsumenten**. Abgestorbenes organisches Material wird von **Destruenten** zu energiearmer anorganischer Substanz abgebaut. Diese kann dann von den Pflanzen erneut in der Fotosynthese verwertet werden.
- Organismen, die ernährungsbedingt voneinander abhängen, bilden eine **Nahrungskette** oder **Nahrungsnetze**.
- Um die Lebensprozesse anzutreiben, ist **Energie** erforderlich. Diese liefert in den meisten Ökosystemen die Sonne. Ihr Licht verwenden die Pflanzen zur Stoffproduktion durch Fotosynthese. Dabei kommt es zu einem Zuwachs an **Biomasse**.

  Unter Biomasse versteht man die Gesamtheit an organischer Substanz aller lebenden, toten und zersetzten Organismen eines Lebensraumes oder auch der ganzen Erde.
- Die in Form energiereicher organischer Moleküle **gespeicherte Energie wird** von Fressebene zu Fressebene **weitergereicht**. Bei diesem **Energiefluss** kommt es innerhalb jeder Trophieebene zu erheblichen Wärme- und Atmungsverlusten. Die von Trophieebene zu Trophieebene weitergeleitete Energiemenge nimmt ab.
- Besiedeln Lebewesen Neuland, so kommt es zu einer **typischen Abfolge von Lebensgemeinschaften**, einer **Sukzession**.
- Im Falle einer Erstbesiedlung spricht man von **Primärsukzession**. Im Falle der Wiederbesiedelung von Biotopen, die durch Überschwemmungen, Feuersbrünste oder auf andere Weise zerstört wurden, spricht man von **Sekundärsukzession**.
- Am Ende einer Sukzession stellt sich das **Klimax**-Stadium ein (in Mitteleuropa z. B. sommergrüner Laubwald).
- Die Klimax ist der Zustand, in dem Tiere und Pflanzen und andere Organismen eine **stabile Lebensgemeinschaft** entwickelt haben, die bestehen bleibt, solange die klimatischen Verhältnisse konstant bleiben.

  Im Verlaufe der Entwicklung eines Ökosystems erhöht sich die Mannigfaltigkeit der Organismenarten. Zunehmende **Stabilität** ist verbunden mit zunehmender **Diversität**.
- Das Ökosystem See ist in mehrere Lebensräume gegliedert:
  - die **Uferzone (Litoral)**;
  - die **Freiwasserzone (Pelagial)**;
  - die **Bodenzone (Benthal)**.

- Die Freiwasserzone bietet Lebensraum für das **Plankton** und für Fische und wird in Schichten untergliedert: das lichtdurchflutete **Epilimnion** mit warmem Wasser, das lichtlose **Hypolimnion** mit kaltem Wasser und als Übergangsbereich das **Metalimnion**.
- Den Abschluss der Bodenzone bildet der **Tiefenboden (Profundal)**, der Aufenthaltsort für Würmer, Insektenlarven, Bakterien und Pilze ist.
- Die **Temperaturverhältnisse** in einem See verändern sich im Verlaufe der Jahreszeiten erheblich:
  Im **Sommer** weist die obere Zone hohe Wassertemperaturen auf **(Deckschicht)**. In einer gewissen Tiefe kommt es zu einem plötzlichen starken Temperatursprung **(Sprungschicht)**. Danach sinkt die Wassertemperatur bis auf +4°C ab. Dieser Wert wird bis zum Gewässerboden beibehalten **(Tiefenschicht)**.
  Im **Herbst** und im **Frühjahr** hat der Wasserkörper im See überall die gleichmäßige Temperatur von +4°C.
  Im **Winter** ist der See von einer Eisschicht bedeckt. Unter ihr sind die Temperaturverhältnisse im Wasserkörper ausgeglichen.
- Die Temperaturverhältnisse haben **Auswirkungen auf den Stoffkreislauf** im See:
  Im Sommer schwimmt die Warmwasserschicht wegen ihrer deutlich geringeren Dichte regelrecht auf dem kalten Wasser der Tiefenschicht auf. Der Stoffaustausch zwischen den beiden Bereichen ist unterbunden. Im Hypolimnion kommt es zu einer **Sommerstagnation**.
  Im Herbst und im Frühjahr ist die Temperatur im Wasserkörper des Sees ausgeglichen und eine **Vollzirkulation** möglich. Der Stoffkreislauf wird wieder geschlossen. Sauerstoff gelangt in die Tiefe und ermöglicht den Destruenten die Remineralisation abgestorbenen Materials. Der See besitzt die Fähigkeit zur **Selbstreinigung**.
- Hinsichtlich der Intensität der pflanzlichen Produktion unterscheidet man zwei Kategorien von Seen:
  - **Oligotrophe** (nährstoffarme) Seen sind arm an Mineralstoffen. Das Wasser ist klar und das Ufer kaum bewachsen.
  - **Eutrophe** (nährstoffreiche) Seen sind mineralstoffreich. Die Sichttiefe ist gering, das Ufer breit und dicht bewachsen.
- In einem oligotrophen See ist die Produktion von Biomasse durch die geringe Konzentration an Phosphationen (PO_4^{3-}) begrenzt.
- Unter **Eutrophierung** versteht man Vorgänge, die zur Anhäufung von Nährstoffen und damit zu erhöhter Produktion führen.

E Eingriffe des Menschen in Ökosysteme

1. Bevölkerungsentwicklung

Stellen Sie sich vor, Sie könnten sich auf eine Zeitreise in das Jahr 8000 v. Chr. begeben.

In diesem Falle würden Sie z.B. von einem asphaltierten Hinterhof starten, beguckt von zahllosen Neugierigen, und in einem dichten Urwald landen. Auf der Suche nach menschlichen Wesen könnten Sie dann Tage und Wochen vergeblich verbringen – Sie würden sich wie ein Einsiedler vorkommen. Denn auf der Erde lebte damals nur etwa ein Tausendstel der heutigen Bevölkerung *(vgl. Tabelle 5)*.

Zeit	Bevölkerung (in Mio.)
8000 – 6000 v. Chr.	5 – 10
1 n. Chr.	200 – 400
1650	470 – 545
1750	629 – 961
1850	1128 – 1402
1900	1550 – 1762
1950	2486
1970	3686
1985	4842
2005	6477
2025	8177 (Prognose)

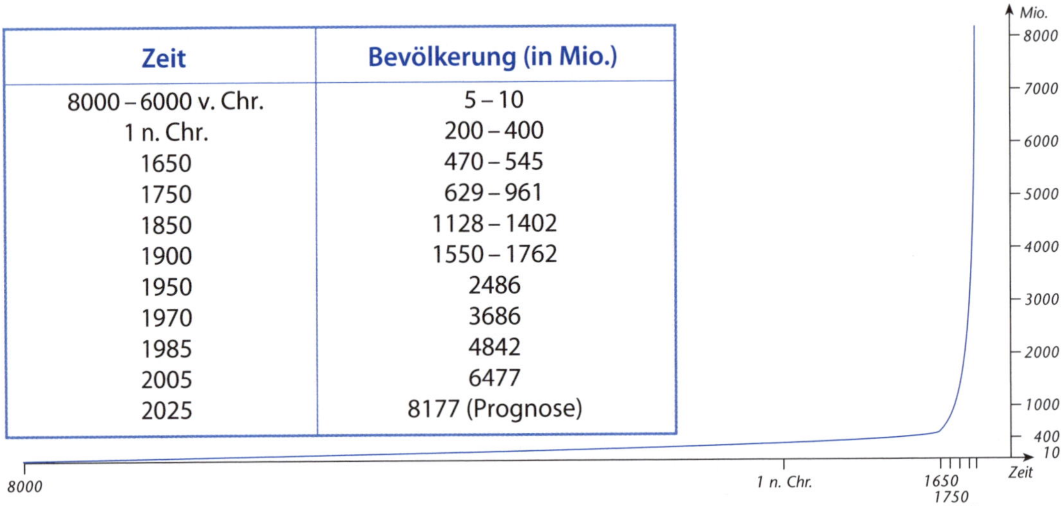

Tabelle 5
Weltbevölkerung in der Vergangenheit, Gegenwart und Zukunft

Bei der geringen Wachstumsrate der menschlichen Bevölkerung vor 10 000 Jahren dauerte es etwa 1000 Jahre, bis sich die Weltbevölkerung verdoppelt hatte. Erst im 18. Jh. begann die Bevölkerungszahl infolge besserer Lebensbedingungen (hygienischer und medizinischer Fortschritt) allmählich schneller zu steigen; die Verdoppelungsraten wurden immer kürzer. Und in unserem Jahrhundert begann die Bevölkerungszahl schließlich regelrecht zu explodieren.
Die über 7 Milliarden Menschen, die im Moment auf der Erde leben, wirken natürlich auf ihre Umwelt ganz anders ein als die 5 Millionen vor 10 000 Jahren.

2. Gewässer

Wenn am Morgen der Wecker läutet, beginnen wir mit unseren Bemühungen, richtig wach zu werden. Zunächst führt uns der Weg in die Küche, um Kaffee zu kochen. Der Restkaffee vom vorigen Tag wird mit einer müden Handbewegung ins Spülbecken geschüttet. Danach geht's ab ins Bad unter die Dusche und schon etwas frischer schauen wir den schaumversetzten Wasserkringeln zu, die im Abfluss landen. Nach dem Frühstück verschaffen wir uns dann noch Erleichterung und schon bewegen sich wieder einige Liter Wasser, angereichert mit den „Abfällen" aus unserem Körper, ins Abflussrohr. Kommen wir nachmittags nach Hause, dann stecken wir vielleicht unsere vom Sportunterricht schweißgetränkten Klamotten in die Waschmaschine, geben die vorgeschriebene Portion Waschpulver dazu, drehen den Wasserzulauf auf und drücken auf den Einschaltknopf.

Auf diese Weise hat jeder Bundesbürger einen durchschnittlichen **Tagesverbrauch** von etwa **150 l Wasser**. Vielleicht landen ein, zwei Liter davon als Trinkwasser oder als Bestandteil unserer Suppe im Körper, der große Rest jedoch verlässt als häusliches **Abwasser** unsere Wohnung, angereichert mit Nahrungsmittelresten aus der Küche, Fäkalien aus dem WC sowie Spül- und Waschmitteln aus Bad und Küche.

1 l Milch	3–4 l
1 l Bier	3–15 l
1 kg Zucker	10–30 l
1 kg Kohle	20–30 l
1 kg Stahl	30–50 l
1 kg Papier	50–100 l
1 kg Zellstoff	100–200 l
1 kg Kunststoff	200–500 l

Tabelle 6
Wasserbedarf von Industrie und Gewerbe für die Herstellung bestimmter Güter

Insgesamt gelangen auf diese Weise in Deutschland jährlich etwa eine Milliarde Kubikmeter Abwasser in die öffentliche Kanalisation (Privathaushalte sowie Industrie und Gewerbe). Bestimmte industrielle Abwässer, z.B. aus Zellstoff- oder Seifenfabriken, können hohe Konzentrationen an organischen Schmutzstoffen enthalten. Andere industrielle Abwässer, z.B. aus dem Bergbau, enthalten hohe Konzentrationen an Salzen.

2.1 Die natürliche Selbstreinigungskraft von Gewässern

Der einfachste Weg der **Abwasserbeseitigung** war lange Zeit die direkte Rückführung in den natürlichen Wasserkreislauf. Das Abwasser wurde also ungereinigt in den nächsten Fluss, den nächsten See oder in das Meer eingeleitet. Dort wurde dann die **natürliche Selbstreinigung** der Gewässer wirksam.

Ihren Ablauf erklären wir in vereinfachter Weise am Beispiel der Verhältnisse in einem Fluss, in den Abwasser eingeleitet wird *(vgl. Abb. 61)*.

Ab der Einleitungsstelle ist das Fließgewässer nun sehr stark verschmutzt. Es entwickeln sich große Mengen an Abwasserbakterien und -pilzen ①, die Kohlenhydrat-, Protein- und Fettmoleküle im Abwasser abbauen. Die Anzahl Bakterien fressender Protozoen (v.a. Ciliaten) nimmt zu ②. Auf dem Gewässerboden leben Organismen wie der Schlammröhrenwurm *(Tubifex)* und die Zuckmückenlarve *(Chironomus)*, die das Wasser von organischen Schmutzteilchen reinigen. Ihre Zahl nimmt stark zu ③.

Bei ihrer Tätigkeit verbrauchen die genannten Organismen große Mengen an Sauerstoff, der Sauerstoffgehalt des Gewässers nimmt dadurch stark ab ④.

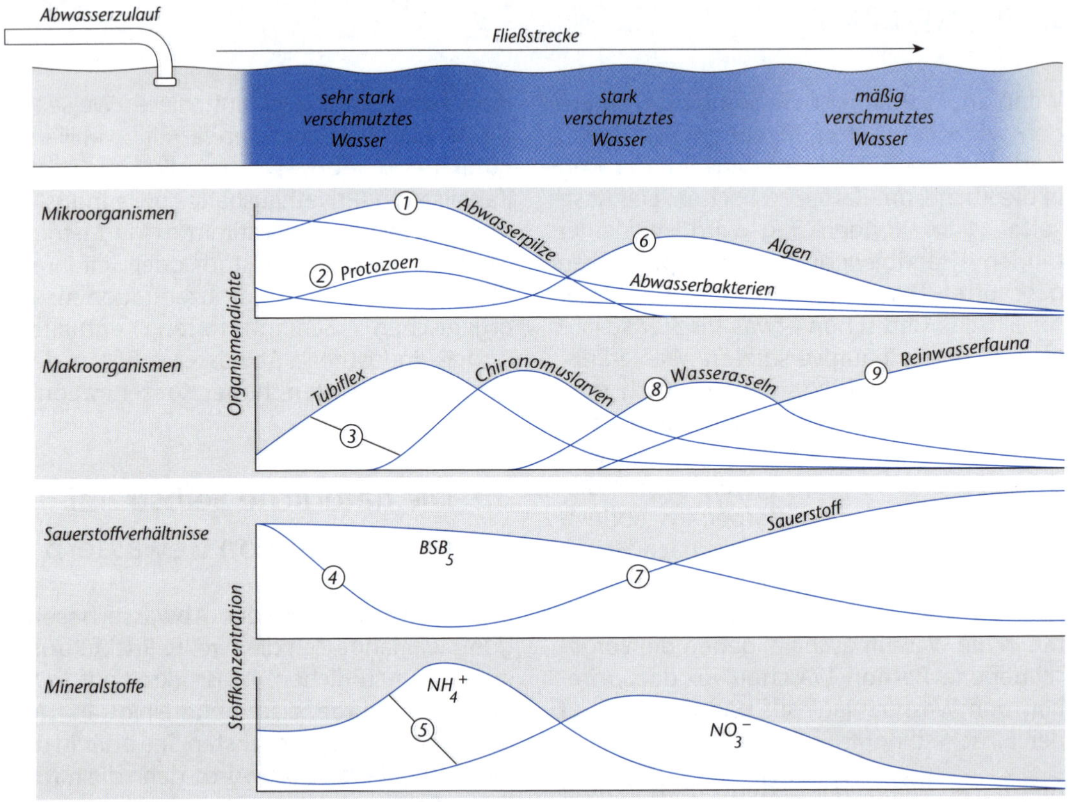

Abb. 61
Veränderungen während der biologischen Selbstreinigung im Fließgewässer

Folge des Eiweißabbaus ist der Anstieg der Konzentration von Ammoniumionen (NH_4^+). Durch deren bakterielle Nitrifikation steigt die Konzentration von Nitrationen (NO_3^-) an ⑤. Als Mineralstoffe für fotoautotrophe Organismen wie Grünalgen und Kieselalgen verbessern sie deren Lebensbedingungen. Die Zahl der Algen nimmt zu ⑥. Diese produzieren ebenso wie die höheren Pflanzen des Uferbewuchses Sauerstoff, der sich im Wasser anreichert ⑦.

Mit der zunehmenden Umwandlung von organischer Substanz aus dem Abwasser in pflanzliche und tierliche Biomasse nimmt der Verschmutzungsgrad ab und es können wieder Konsumenten, wie Bachflohkrebse, Insektenlarven oder Wasserasseln ⑧, gedeihen.

Zuletzt stellt sich dann zunehmend die Reinwasserfauna ein ⑨. Die Selbstreinigung des Flusses ist abgeschlossen.

Der erreichte Grad der Selbstreinigung eines Flusses kann durch Untersuchung von Wasserproben bestimmt werden. Die **Gewässergüte** wird dabei durch Bestimmung von **Leitorganismen** beurteilt *(vgl. Abb. 62)*.

Mikrobielle Leitorganismen sind die verschiedenen **Saprobien***, wie Bakterien und niedere Pilze, die je nach Verschmutzungsgrad variieren.

Ein weiteres Kriterium für die Beurteilung des Verschmutzungsgrads ist der **biochemische Sauerstoffbedarf (BSB)**. Dieser Wert gibt den Sauerstoffverbrauch in einer bestimmten Zeitspanne an.

Der BSB-Wert wird ermittelt, indem man den Sauerstoffgehalt einer Wasserprobe zunächst sofort nach der Probenahme und dann nach einer gewissen Zeitspanne bestimmt. Daraus berechnet man den Sauer-

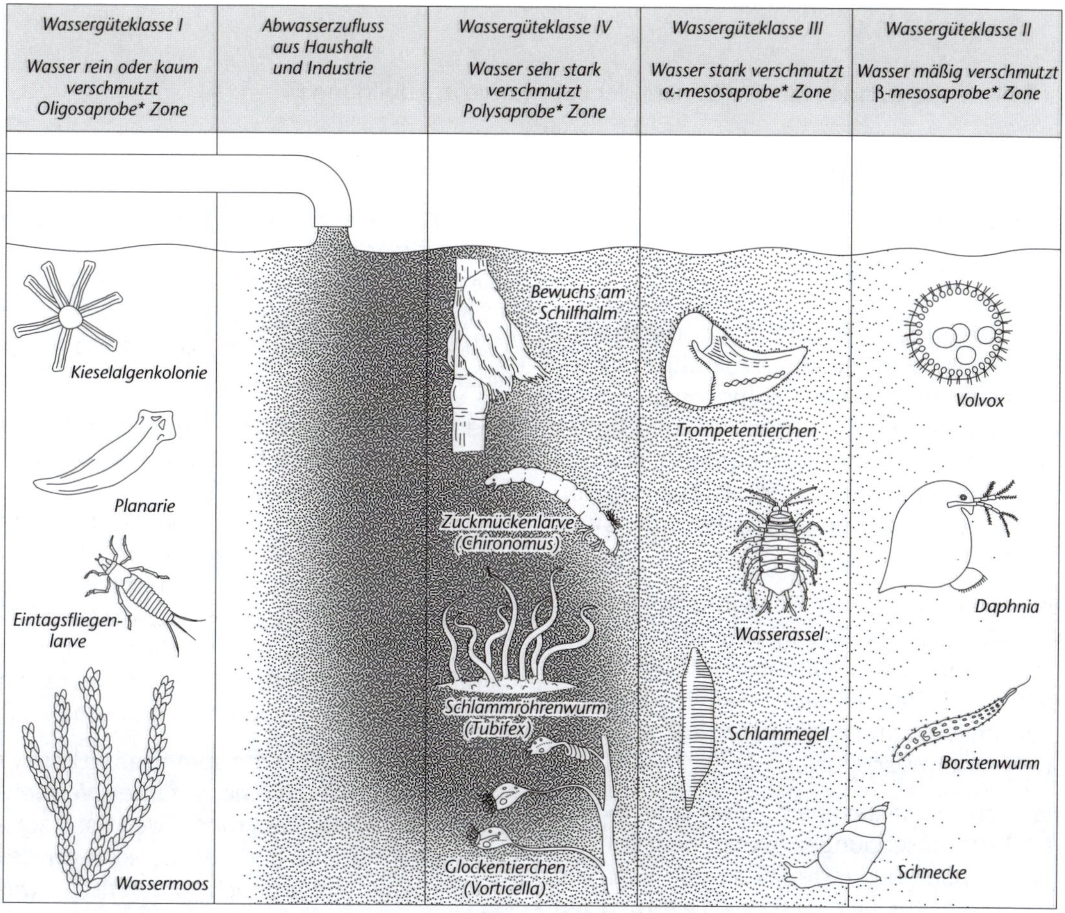

Abb. 62
Auswahl einzelner Leitorganismen der verschiedenen Gewässergüteklassen (nicht maßstabsgetreu)

stoffverbrauch. Erfolgt die zweite Messung z.B. nach fünf Tagen, spricht man vom BSB_5. In der Zeit zwischen den beiden Messungen wird die Probe bei 20°C unter Luftabschluss in Dunkelheit aufbewahrt. Je höher der BSB-Wert, desto stärker ist die Wasserverschmutzung *(vgl. Tabelle 7)*.

Wassergüte-klasse	**Saprobienstufe**	**Verschmutzungsgrad**	**BSB_5 in mg O_2/l**
I	oligosaprob*	gering	3
II	b-mesosaprob*	mäßig	3 bis 5,5
III	a-mesosaprob*	stark	5,5 bis 14
IV	polysaprob*	übermäßig	über 14

Tabelle 7
Wassergüteklassen mit entsprechenden Saprobienstufen

Aufgabe

E01 Begründen Sie den Verlauf der BSB_5-Kurve in Abbildung 61.

2.2 Beschleunigung der Eutrophierung

Die natürliche Selbstreinigungskraft der Gewässer kann durch die anthropogene* (menschengemachte) Zufuhr von organischen Nährstoffen und Mineralstoffen hoffnungslos überfordert werden. Der natürliche Vorgang der Eutrophierung *(vgl. Kap. D.5.4)* der Gewässer wird dabei dramatisch beschleunigt.

Wir zeigen die Zusammenhänge am Beispiel der **Waschmittel** (Detergenzien*) auf: Detergenzien sind synthetische Waschmittel, die die Seifen in vielen Anwendungsbereichen verdrängt haben, so z.B. auf dem Gebiet der Waschpulver.

In den Fünfzigerjahren tauchten in den Nachrichtensendungen immer mehr Berichte über schaumbedeckte Flüsse und Seen auf. Ursache dafür war, dass die Detergenzien, die über das Abwasser in die Gewässer gelangten, aus einer Substanz bestanden, die biologisch nicht abbaubar war und die deshalb ihre Waschaktivität, zu der auch die kräftige Schaumbildung gehört, in den Gewässern weiter entfaltete. 1961 wurde gesetzlich festgelegt, dass synthetische Waschmittel zu mindestens 80% biologisch abbaubar sein müssen. Die Waschmittelhersteller wandelten die Grundsubstanzen für die Detergenzienherstellung ab, die Waschmittel wurden biologisch abbaubar, und die Schaumkronen auf den Gewässeroberflächen verschwanden wieder.

Die neuen Waschmittel enthielten nun aber Zusatzstoffe zur Enthärtung von kalkhaltigem „hartem" Wasser. Bei diesen „Weichmachern" handelte es sich hauptsächlich um Phosphate. Jeder Waschgang im Haushalt führte zur Einleitung von Phosphat in die Gewässer, diese wurden gewissermaßen gedüngt. Und das ausgerechnet mit dem Stoff, der als **Minimumfaktor** das Wachstum des Phytoplanktons begrenzt *(vgl. Kap D. 5.4)*.

Entfällt diese „Wachstumsbremse", so kommt es in einem See zu einer rasanten Vermehrung des Phytoplanktons. Die Nahrungsgrundlage für die anderen Lebewesen des Ökosystems ändert sich dramatisch. Das Gewässer wird mit großen Mengen an organischer Substanz belastet. Deren verstärkter Abbau durch die Destruenten führt zu einem drastischen Absinken des Sauerstoffgehalts. Die auf den Gewässerboden sinkende Substanz kann wegen des Sauerstoffmangels nicht mehr abgebaut werden. Es bildet sich **Faulschlamm**.

---

* Begriffe mit Sternchen werden im Glossar am Ende des Buches erläutert.

Aufgabe

E02 Welche Auswirkungen hat der Sauerstoffmangel am Gewässerboden auf die Phosphatfalle *(vgl. Kap. D. 5.4)*?

 Lösung Seite 108

Mittlerweile sind phosphatfreie Waschmittel ohne düngende Wirkung auf dem Markt.
Der Sauerstoffmangel führt zur Aufhebung der Phosphatfalle, Phosphationen werden am Gewässerboden freigesetzt *(vgl. Antwort zu Aufgabe E/2)* und dem Stoffkreislauf des Sees zugeführt. Dadurch wird die Produktion von Biomasse weiter angekurbelt. Die Eutrophierung verstärkt so – im Stile eines Teufelskreises – die Eutrophierung. Die Faulschlammschicht wächst. In ihr sind Bakterien am Werk, die anaerob (ohne Sauerstoff) leben können. Sie setzen Fäulnisprozesse in Gang. Dabei entstehen die **Faulgase** Ammoniak (NH_3), Schwefelwasserstoff (H_2S) und Methan (CH_4). Der Übergang eines Sees vom aeroben in den anaeroben Zustand wird als Umkippen bezeichnet.

Aufgabe

E03 Das Diagramm in Abbildung 63 zeigt die Veränderung einiger wichtiger Parameter im Laufe der Eutrophierung eines Sees, die bis zum Umkippen des Gewässers führt. Bei diesen Parametern handelt es sich um die Nährstoffzufuhr, den Sauerstoffgehalt, den Besatz mit Konsumenten, aeroben Destruenten, anaeroben Destruenten sowie Produzenten. Ordnen Sie die genannten Begriffe den Kurven zu.

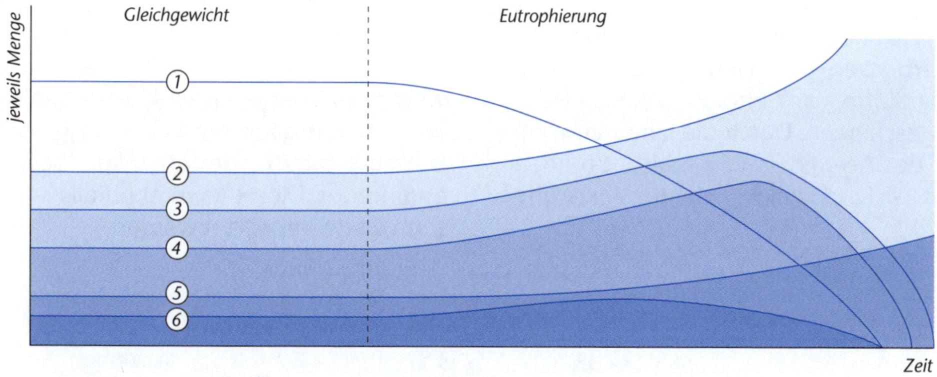

Abb. 63
Änderung von Parametern im Zuge des Umkippens eines Sees

Eine weitere Belastung für unsere Gewässer stellt der **Kühlwasserverbrauch** von Großkraftwerken dar. Beispielsweise benötigt ein Kernkraftwerk von 1300 MW Leistung bei Durchlaufkühlung ca. 70 m3 Wasser pro Sekunde. Diese Menge kann nur ein großer Fluss liefern. Auch manche Industriebetriebe benötigen Kühlwasser und werden in Gewässernähe gebaut.
Das Wasser wird bei seinem Einsatz als Kühlmittel erwärmt und mit der erhöhten Temperatur dem Gewässer wieder zugeleitet. Der **Anstieg der Wassertemperatur** hat Auswirkungen auf das Ökosystem. Nach der RGT-Regel laufen bei einer Temperaturerhöhung Stoffwechselprozesse schneller ab, wofür dann auch mehr Sauerstoff benötigt wird. Nun sinkt aber mit steigender Temperatur die Aufnahmefähigkeit des Wassers für Sauerstoff, d. h. im wärmeren Wasser ist weniger Sauerstoff gelöst als im kälteren. Die für die Selbstreinigung des Gewässers wichtigen Organismen arbeiten also jetzt schneller und verbrauchen dabei mehr Sauerstoff, von dem aber weniger zur Verfügung steht. Im Extremfall kann es zum völligen Sauerstoffschwund und zum Zusammenbruch der Selbstreinigung des Gewässers kommen.

Lösung Seite 108

2.3 Abwasserreinigung in Kläranlagen

Um die Überlastung von Seen, Flüssen und Küstengewässern durch Zuleitung von Abwasser zu vermeiden, werden die Vorgänge, die bei der natürlichen Selbstreinigung ablaufen, in technischen Anlagen vollzogen. Am besten sammelt man das gesamte Abwasser mehrerer Siedlungen oder einer ganzen Stadt und führt es einer **Kläranlage** zu.

Dort erfolgt die **Reinigung in drei Stufen**:

- **Mechanische Reinigungsstufe**
  Zunächst passiert das Abwasser **Grob- und Feinrechen** ①, die größere Festkörper, wie Tuchfetzen oder Holzstücke, zurückhalten. Danach durchfließt das Abwasser einen **Sandfang** ②. Die Fließgeschwindigkeit ist so eingestellt, dass schwere Stoffe, z. B. Erde, zu Boden sinken. Im anschließenden **Vorklärbecken** ③ werden aufschwimmende Stoffe, wie Fette, Benzin und Heizöl, abgeschieden. Durch die lange Verweildauer des Abwassers von 1 bis 2 Stunden setzen sich zugleich leichte Feststoffe (Schwebstoffe) ab. Der entstehende feine Schlamm wird in einen **Faulturm** ④ gepumpt und dort einer Gärung unterworfen. Das entstehende Faulgas enthält Methan, das als Heizgas verwendet werden kann. Der eingedickte Faulschlamm kann nach weiteren Verarbeitungsschritten u.U. als Bodenverbesserungsmittel in der Land- und Forstwirtschaft eingesetzt werden. Infolge des häufig hohen Gehaltes an Schwermetallen (z. B. Cadmium) muss der Klärschlamm allerdings meist auf Mülldeponien abgelagert werden.
- **Biologische Reinigungsstufe**
  Das vorgereinigte Abwasser, das nach wie vor noch die gelösten organischen Nährstoffe mit sich führt, gelangt in **Belüftungsbecken** ⑤. Dort leben aerobe Mikroorganismen, die die organischen Nährstoffe ganz im Stile der biologischen Selbstreinigung abbauen. Durch ständige Luftzufuhr wird ihnen der notwendige Sauerstoff zugeführt. Nach etwa 8 Stunden wird dann in einem **Nachklärbecken** ⑥ ein aus Mikroorganismen und organischen Schmutzstoffen bestehender Schlamm abgetrennt. Dieser kann ebenfalls im Faulturm weiterverwertet werden.

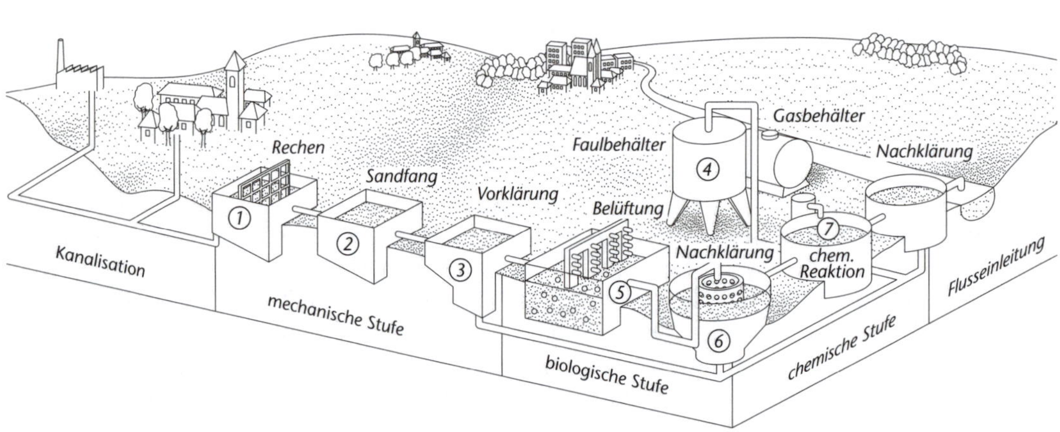

Abb. 64
Abwasserreinigung in einer Kläranlage

- **Chemische Reinigungsstufe**
  Das nun von organischem Material geklärte Abwasser enthält allerdings noch die ursprünglich vorhandenen sowie die durch den biologischen Abbau entstandenen Nährsalze, hauptsächlich Nitrate und Phosphate. Diese werden als unlösliche Salze ausgefällt und abgetrennt ⑦. Bei Phosphaten kann das z.B. durch Zusatz von Eisen(III)-Ionen (Fe_3^+) geschehen.

Im Abwasser noch enthaltene Krankheitserreger (verschiedene Bakterien und Viren oder Eier parasitischer Würmer) können gegebenenfalls noch durch Chlorierung, Ozonierung oder Erhitzung abgetötet werden.

Das in den drei Stufen gereinigte Abwasser wird dann dem Vorfluter zugeleitet.

Aufgabe

E04 Der Bodensee ist ein bedeutendes Überwinterungsgebiet für Wasservögel, deren Bestände sich im Zeitraum von 1960 bis 1978 deutlich verändert haben *(Abb. 65a)*. Eine Ursache dafür ist die starke Zunahme des Phosphatgehalts des Bodenseewassers im selben Zeitraum *(Abb. 65b)*.

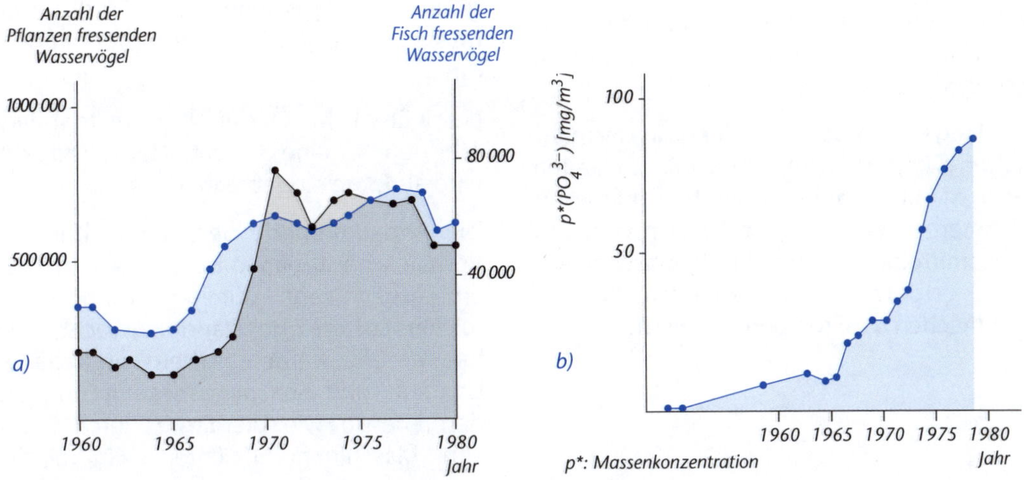

Abb. 65
a) Winterbestände der Pflanzen und der Fisch fressenden Wasservögel am Bodensee
b) Maximaler Phosphatgehalt des Bodenseewassers

a) Erklären Sie mithilfe der Abbildungen die Bestandsentwicklungen der Pflanzen und der Fisch fressenden Wasservögel.

b) Seit ca. 1980 wurden in den Ufergemeinden des Bodensees Kläranlagen mit chemischer Reinigungsstufe gebaut und die Phosphatreinigungsleistung der vorhandenen Anlagen wurde verbessert. Im Laufe der folgenden Jahre sank die Anzahl der Wasservögel. Erklären Sie.

3. Landwirtschaft

Ein hungriger Mensch hatte vor 20000 Jahren mehrere Möglichkeiten, an Nahrung zu kommen: Er konnte umherstreifen und z.B. Beeren pflücken, er konnte Fallen bauen oder auf die Jagd gehen, um Tiere zu erlegen, oder er konnte auch Netze ins Wasser hängen und warten, bis sich darin Fische verfingen. Wie auch immer, der direkte Nahrungserwerb war eine zeitaufwendige Angelegenheit, die viele Kenntnisse erforderte.

Heutzutage beschränkt sich das Know-How in Sachen Nahrungsbeschaffung oft nur auf die Kenntnis, wie die Kühlschranktür zu öffnen ist. Leute, die einen eigenen Haushalt führen, müssen ein bisschen mehr Zeit aufwenden und zum nächsten Supermarkt gehen. Dort erhalten sie in der Gemüseecke, in der Backwarennische und an der Fleischtheke alles, um anschließend zu Hause so richtig satt zu werden.

Die Frage nach dem Ursprung all der nahrhaften Dinge braucht sich keiner zu stellen. Doch ist, um die vielen Menschen auf diesem Planeten zu ernähren, im Bereich der Nahrungsmittelproduktion ein gigantischer Aufwand erforderlich, für den etwa 10% der Landflächen der Erde benützt werden.

3.1 Kennzeichen von Monokulturen

Während in natürlichen Ökosystemen viele verschiedene Arten miteinander leben, herrscht in der Landwirtschaft **Monokultur** vor, d.h. es wird nur eine einzige Art angepflanzt. Davon kann man sich beim Spaziergang auf dem Lande, der z.B. an reinen Kartoffeläckern oder Maisfeldern vorbeiführt, überzeugen. Auf landwirtschaftlichen Anbauflächen herrschen somit Bedingungen, die sich von denen in natürlichen Ökosystemen erheblich unterscheiden *(vgl. Abb. 66 a)*.

Das **natürliche Ökosystem** besitzt eine große, ständig vorhandene pflanzliche Biomasse ①. Die jährliche Nettoproduktion ist relativ gering ②.

Das **künstliche Ökosystem** entsteht jedes Jahr neu ③. Seine gesamte Nettoproduktion wird als Ernte eingebracht ④.

Die Anbaumethode der Monokultur weist Vorteile meist ökonomischer Art auf: Der Ernteertrag kann durch Auswahl ertragreicher Sorten und standortgerechten Anbau erhöht werden. Arbeitsvorgänge wie Unkraut- und Schädlingsbekämpfung werden ebenso wie die Ernte durch Einsatz von Maschinen erleichtert. Ein einziger moderner Mähdrescher kann beispielsweise die Arbeitskraft von Dutzenden von Erntearbeitern ersetzen.

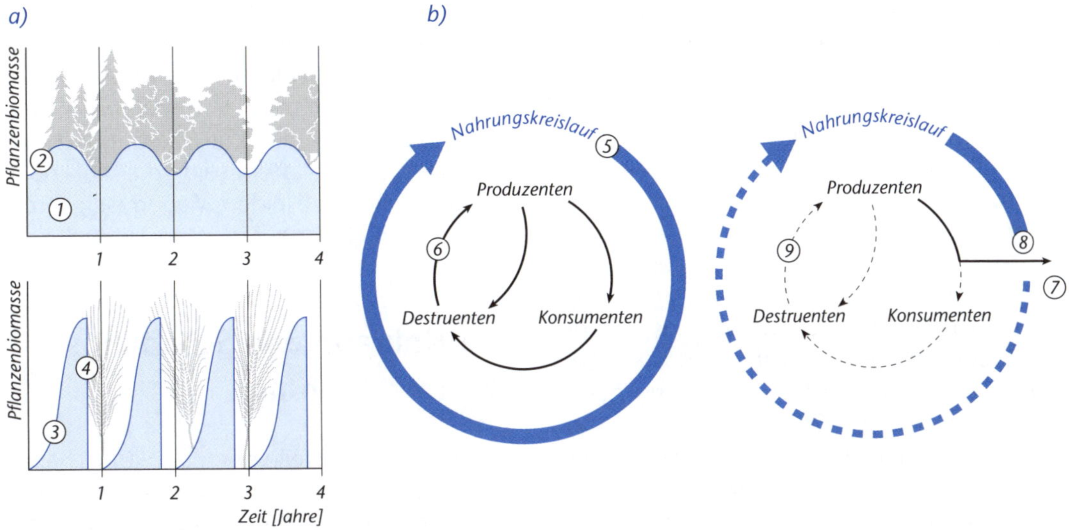

Abb. 66
a) Pflanzenbiomasse und b) Stoffkreislauf im natürlichen Ökosystem (z. B. Laubwald) und in einem Getreidefeld

Bei der beschriebenen Anbauform ergeben sich aber auch Probleme *(vgl. Abb. 66 b)*:

Im natürlichen Ökosystem ist der Nahrungskreislauf geschlossen ⑤. Energiereiches organisches Material bleibt dem Ökosystem erhalten und steht nach Remineralisation* durch Destruenten den Pflanzen erneut zur Verfügung ⑥. Im künstlichen Ökosystem werden die energiereichen organischen Stoffe aus dem Ökosystem entfernt ⑦. Der natürliche Stoffkreislauf ist unterbrochen ⑧. Die Remineralisation und Rückführung von Nährsalzen in den Boden ist erheblich eingeschränkt ⑨.

Die **Bodenverarmung** ist verbunden mit dem Absinken der Destruentenzahl. Die Humusbildung ist gestört und der Boden kann nur noch wenig Nährsalze und Wasser speichern. Nach der Ernte liegt die Anbaufläche oft brach. Sie kann dann leicht austrocknen und vom Wind abgetragen werden. Millionen Tonnen von Ackerkrume werden buchstäblich „vom Winde verweht". Damit im Laufe der Jahre immer wieder ertragreiche Ernten möglich werden, muss der Mensch für Ersatz in Form von **Dünger** sorgen.

Durch Düngung, d. h. Zuführung von mineralischen und organischen Stoffen, ist es möglich, den Nährstoffmangel im Boden auszugleichen (*vgl. Abb. 67*).

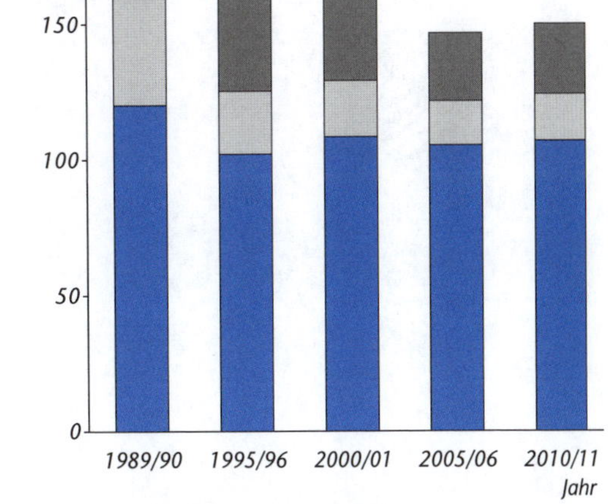

Abb. 67
Mineraldüngerverbrauch

Es ist schwierig, die genau benötigte Düngermenge zu berechnen. Häufig wird so viel Stickstoffdünger ausgebracht, dass er in den Kulturpflanzen gar nicht vollständig verwertet wird und sich in ihnen anreichert. Oder aber die Düngermenge ist so groß, dass die Pflanzen sie gar nicht komplett aufnehmen können. Sickern die überschüssigen Nitrate ins Grundwasser ein, kann das zu einer Belastung des Trinkwassers führen. Nitrate werden im menschlichen Organismus bei der Verdauung teilweise in Nitrite ungewandelt, die die Funktion des Hämoglobins beeinträchtigen können. Darüber hinaus können Krebs erregende Nitrosamine entstehen. Für die Nitratkonzentration in der Nahrung und im Trinkwasser sind deshalb gesetzliche Grenzwerte festgelegt. Trinkwasser darf z. B. maximal 50 mg Nitrat pro kg enthalten. Um unterhalb dieses Werts zu bleiben, darf im Winter keine Gülle* auf die Felder aufgebracht werden. Da zu dieser Zeit das darin enthaltene Nitrat nicht durch Pflanzen aufgenommen wird, könnte es ungehindert in das Grundwasser und von da in das Trinkwasser gelangen.

Werden die Nitrate in angrenzende Ökosysteme ausgeschwemmt, so entfalten sie ihre düngende Wirkung unerwünscht dort. Folgen können die Eutrophierung von Gewässern oder die Zurückdrängung von Pflanzengesellschaften sein, die auf nährstoffarme Böden (Heiden, Magerrasen, Streuwiesen) mit der zugeordneten Tierwelt spezialisiert sind.

3.2 Unkraut- und Schädlingsbekämpfung

Als einen der Vorteile der Monokultur haben wir bereits genannt, dass sie die Arbeitsvorgänge der Unkraut- und Schädlingsbekämpfung erleichtert.

Vergleichen wir aber einmal ein natürliches Ökosystem und ein künstliches Ökosystem aus der Sicht eines „Schädlings". Nehmen wir als Beispiel den Kartoffelkäfer *(Leptinotarsa decemlineata; vgl. Abb. 68 a)*:

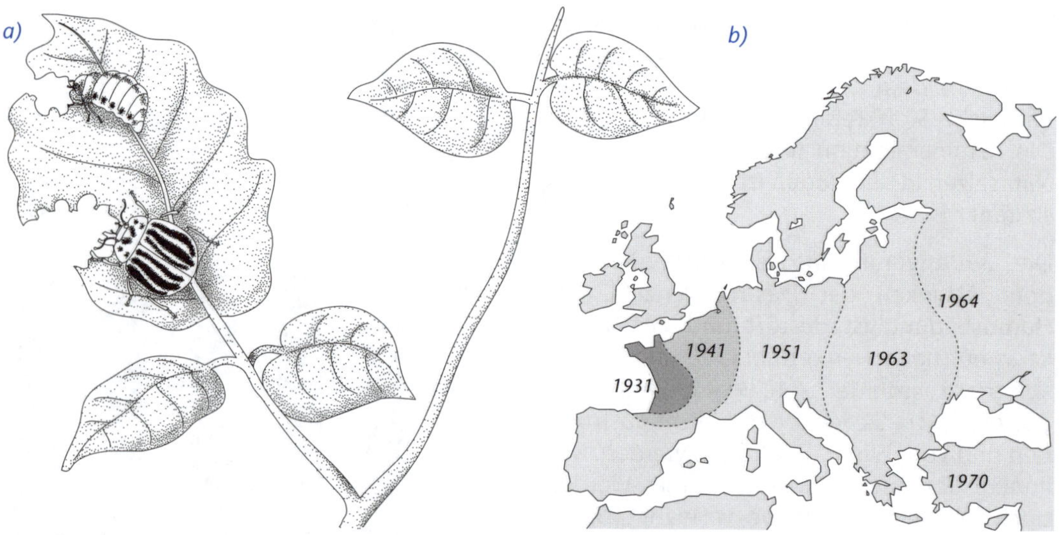

Abb. 68
Kartoffelkäfer am Kartoffellaub; a) Aussehen von Käfer und Larve und b) Ausbreitung in Europa

Dieser schwarzgelb gestreifte Käfer stammt ursprünglich aus Amerika. Was seine Ernährung und Fortpflanzung betrifft, so ist er auf Pflanzen aus der Gruppe der Nachtschattengewächse angewiesen, deren Blätter er als Ablageplatz für seine Eier benützt. Die geschlüpften Larven fressen die Blätter samt Stiel und bleiben als erwachsene Kartoffelkäfer dieser Nahrungsquelle treu.

Im natürlichen Ökosystem, in dem er lebt, ist *Leptinotarsa decemlineata* ein eher seltenes Exemplar, denn die einzelnen Nahrungspflanzen sind eingestreut zwischen zahllose andere, für den Kartoffelkäfer unbrauchbare. Irgendwann einmal gelangten einige Kartoffelkäfer auf ihrer mühsamen Suche nach dem nächsten Nachtschattengewächs an den Rand eines von Menschenhand angelegten Kartoffelfelds. Die Kartoffel gehört zu den Nachtschattengewächsen und ihr Anbau in Monokultur bietet für den Käfer das reinste Schlaraffenland. Erst darin kann er sich massenhaft vermehren und aus der Sicht des Landwirts zum Schädling werden. Im Jahre 1874 gelangte der Kartoffelkäfer erstmals nach Europa. Seitdem hat er sich über den ganzen Kontinent ausgebreitet *(vgl. Abb. 68 b)*.

Ist eine Anbaufläche von Schädlingen befallen, so gibt es mehrere Bekämpfungsmöglichkeiten.

Man kann z.B. ins Feld marschieren und Schädlinge einsammeln. Diese **mechanische Schädlingsbekämpfung** wurde früher auch zur Eindämmung des Kartoffelkäfers durchgeführt. Ganze Schulklassen verbrachten einen Tag im Kartoffelfeld, um Kartoffelkäfer und deren Larven abzuklauben. Diese Art, mit dem Problem umzugehen, ist allerdings sehr mühsam und unrentabel.

Wirksam sind hingegen zwei grundsätzlich verschiedene Methoden des Pflanzenschutzes:
die **chemische Schädlingsbekämpfung** und die **biologische Schädlingsbekämpfung**.

3.2.1 Die chemische Schädlingsbekämpfung

Definition

Unter **chemischer Schädlingsbekämpfung** versteht man den **Einsatz von Substanzen, die** für die Schädlinge **toxisch* wirken**.

Diese **Biozide*** oder **Pestizide*** werden je nach ihrer Wirkung in verschiedene Gruppen unterteilt:

- **Insektizide** zur Bekämpfung von Insekten,
- **Acarizide** zur Bekämpfung von Milben,
- **Fungizide** zur Bekämpfung von Pilzen,
- **Molluskizide** zur Bekämpfung von Schnecken,
- **Nematozide** zur Bekämpfung von Fadenwürmern.

Streng genommen gehören auch die zur Bekämpfung von Unkräutern eingesetzten **Herbizide** zu den Pestiziden. Unkräuter sind allerdings keine Schädlinge, sondern konkurrieren mit den Nutzpflanzen um gemeinsame Ressourcen.

Unter den Schädlingsbekämpfungsmitteln im engeren Sinne werden weltweit mengenmäßig am häufigsten die Insektizide eingesetzt. Am Anfang ihrer Entwicklung stand die Entdeckung der insektentötenden Wirkung von **DDT** durch Paul Müller (Nobelpreis 1948).

Sie ermöglichte die relativ gezielte Bekämpfung von Insekten, während die früher verwendeten chemischen Substanzen wie Quecksilbersalze auch für Wirbeltiere und den Menschen stark giftig waren.

DDT (Dichlor-diphenyl-trichlorethan)

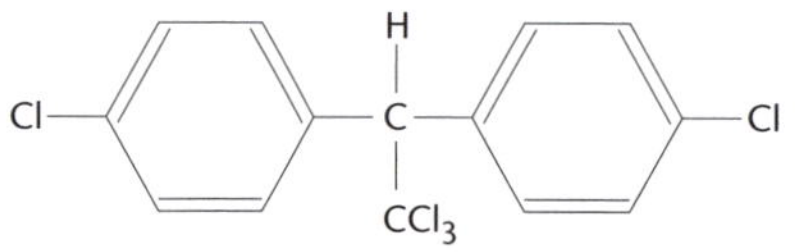

Lindan (Gamma-Hexachlorcyclohexan)

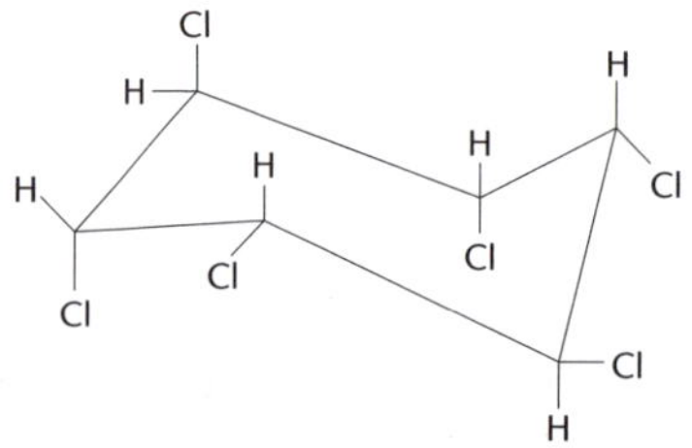

Abb. 69
Strukturformeln zweier Insektizide

DDT gehört zur Gruppe der chlorierten Kohlenwasserstoffe *(vgl. Abb. 69)*. Diese können in Lösungen versprüht oder in Pulverform verstäubt werden und wirken als Fraß-, Atem- oder Berührungsgifte. Letztere – auch Kontaktinsektizide genannt – dringen durch die dünnen Stellen des Chitinpanzers an den Gelenken in den Insektenkörper ein und entfalten dort ihre Wirkung als Nervengift.

Mithilfe der chemischen Schädlingsbekämpfung können hohe Ertragssteigerungen in der Landwirtschaft erzielt werden.

In den ersten Jahren des Einsatzes von DDT glaubte man, das Schädlingsproblem ein für alle Mal gelöst zu haben. Nach und nach wurde aber erkannt, dass die chemische Schädlingsbekämpfung auch eine Reihe unerwünschter Nebenwirkungen mit sich bringt.

- **Anreicherung in der Nahrungskette**

DDT, von dem allein in der westlichen Welt bis 1970 1,8 Millionen Tonnen verbraucht wurden, wird in der Natur nur sehr langsam – im Verlaufe von Jahrzehnten – abgebaut. Auf Feldern aufgebrachtes DDT kann dann vom Wind und Regen verfrachtet werden. In den Sechzigerjahren gelangte auf diese Weise DDT auch in eine Meeresbucht an der Ostküste der USA. Im Wasser wurde ein geringer DDT-Gehalt von 0,000003 ppm (parts per million) gemessen. Messungen der DDT-Mengen in den Organismen der Meeresbucht brachten nach einiger Zeit ganz andere Ergebnisse *(vgl. Abb. 70)*:

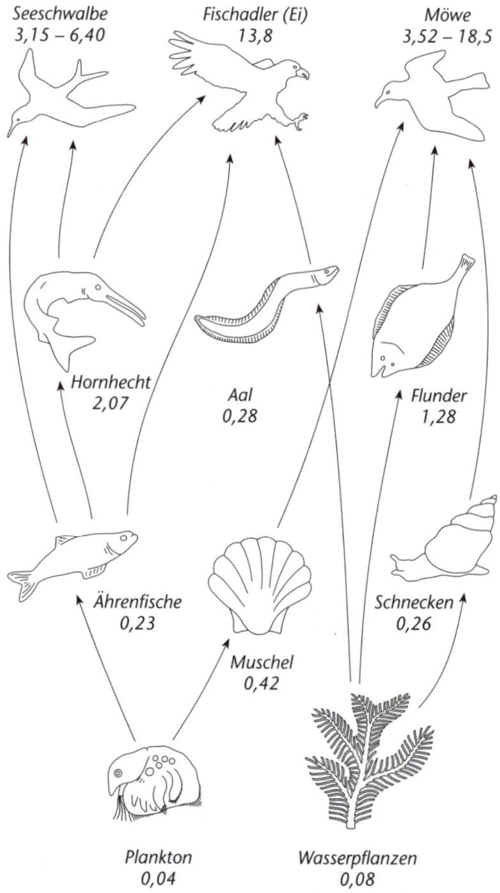

Abb. 70
Anreicherung von DDT in einer Nahrungskette, in ppm-Werten angegeben

Aufgabe

E05 a) Woran könnte es liegen, dass die DDT-Menge in den verschiedenen Organismen unterschiedlich hoch ist *(vgl. Abb. 70)*?

b) Berechnen Sie, um wie viel die DDT-Konzentration im Fischadlerei die Konzentration im Plankton übersteigt!

Das DDT im Meerwasser war auch in die Organismen gelangt. Planktonkrebschen enthielten bereits eine Menge von 0,04 ppm. Die Fische, die sich von ihnen ernähren, schon mehr als 0,2 ppm. Raubfische enthielten sogar mehr als 2 ppm DDT. Das Gift war über die Nahrungskette „weitergereicht" worden. Je höher die Organismen in der Nahrungspyramide angesiedelt waren, desto höher war die Konzentration, bei Möwen z. B. bis über 18 ppm.
Zu einer solchen Anreicherung kommt es, wenn der Wirkstoff – und das ist bei DDT und chemisch ähnlichen Mitteln der Fall – eine fettlösliche Substanz ist. Dann gelangt der Stoff in das Fettgewebe und wird dort abgelagert. Im Fettgewebe eines Raubfisches sammelt sich also nach und nach das DDT aus dem Fettgewebe der Friedfische an, die er verzehrt.
Am Ende der Nahrungskette können dann Konzentrationen erreicht werden, die Schäden bewirken. Beobachtet wurden u. a. Schädigungen von Fischadlerjungen.

• Ausbildung von Resistenzen

Zu Beginn des Einsatzes von DDT wurden die damit bekämpften Schadinsekten zurückgedrängt. Nach einigen Jahren traten sie aber trotz weiteren Gifteinsatzes wieder vermehrt auf. Diesen neuen Populationen konnte DDT nichts mehr anhaben; sie erwiesen sich als resistent*. Auch beim Einsatz anderer Biozide lässt sich dieses Phänomen beobachten. Werden beispielsweise Ackerwildkräuter (sogenannte Unkräuter) mit Herbiziden bekämpft, so gehen zwar die meisten zugrunde. Es befinden sich aber unter ihnen auch einzelne Pflanzen, denen das Gift nichts anhaben kann. Die besonderen Eigenschaften, die diese „Giftfestigkeit" bewirken, sind erblich und werden an die Nachkommen weitergegeben. Es entwickelt sich eine resistente Variante.

• Störung des ökologischen Gleichgewichts

Viele Biozide wirken nicht selektiv auf Schädlinge ein. Insektizide richten sich mehr oder weniger gegen alle Insekten. Bei Bekämpfungsaktionen wird also die ganze Insektenfauna eines Gebietes vernichtet. Ebenso wirken Herbizide nicht nur gegen Unkraut, sondern gegen Wildkräuter generell. Durch die Schädigung anderer Organismen führen großflächige Pestizideinsätze zu unübersehbaren Beeinträchtigungen natürlicher Lebensgemeinschaften. Die indirekten Auswirkungen sind immens. Die Vernichtung des Wiesenlabkrauts *(Galium mollugo)* führt beispielsweise zum Verschwinden von mehr als 100 Tierarten, die auf die eine oder andere Weise von dieser Pflanze abhängig sind. Vom Ausfall dieser Tierarten sind dann wieder andere Arten betroffen.

Aber auch schon bei einem System aus zwei Insekten, von denen man eigentlich nur das eine bekämpfen will, kann die Sache unerwartete Auswirkungen haben, wie folgendes Beispiel zeigt: Die aus Australien stammende Wollsackschildlaus *(Icerya purchasi)* kann auf Obstplantagen große Schäden anrichten. Sie ist die Beute für eine australische Marienkäfe-

rart *(Rodolia cardinalis)*. Insektizideinsatz tötet in diesem Fall sowohl die Beute als auch ihren Räuber. Anschließend zeigt sich, dass das Schadinsekt noch größeren Schaden anrichtet als vorher. Dieses Phänomen hängt mit der Populationsentwicklung im System Räuber – Beute zusammen und lässt sich in einer Regel ausdrücken.
(Genaueres zum Thema Populationen in Kapitel C.)

Regel

VOLTERRA-Regel 3:
Werden z. B. durch Jagd und Gifteinsatz die Populationsdichten von Räuber und Beute in gleicher Weise vermindert, so erholt sich die Beutepopulation schneller als die Räuberpopulation.

Aufgabe

E06 Überlegen Sie sich Gründe dafür, dass sich die Beutepopulation (z. B. australische Schildlaus) nach einer gleich großen Dezimierung rascher erholt als die Räuberpopulation (z. B. australischer Marienkäfer).

3.2.2 Die biologische Schädlingsbekämpfung

Gegen Ende des 19. Jahrhunderts wurden Orangenplantagen in Kalifornien fast völlig vernichtet. Der „Übeltäter" war die bereits erwähnte, aus Australien stammende Schildlausart, die sich an den Zitrusfrüchten gütlich tat. Erst als man in Kalifornien ebenfalls die vom fünften Kontinent stammende Marienkäferart einführte, die dort der natürliche Feind der Schildläuse ist, konnte der Schädling unter Kontrolle gebracht werden – der erste Fall von geplanter biologischer Schädlingsbekämpfung. Als man später dann die Schildlaus mit Insektiziden bekämpfte, rottete man übrigens nicht etwa den Schädling, sondern vielmehr seinen Feind aus.

Die schon fast klassische Geschichte der Schildlausbekämpfung in Kalifornien ist ein typisches Beispiel für das Vorgehen bei der biologischen Schädlingsbekämpfung.

!

Bei der **biologischen Schädlingsbekämpfung** versucht man durch **Verwendung von Lebewesen** und unter **Ausnutzung biologischer Wechselwirkungen** den Schädling zurückzudrängen.

Hierfür gibt es mehrere Möglichkeiten:

- **Förderung von Nützlingen**

Legt man eine Agrarlandschaft so an, dass zwischen den Feldern eingestreut Hecken stehen, schafft man mit diesen Gehölzen Lebensraum für zahlreiche Vögel und Nutzinsekten wie Laufkäfer und Marienkäfer. Diese „Nützlinge" dezimieren dann etwaige „Schädlinge" in ihrer Umgebung, der landwirtschaftlichen Anbaufläche.

- **Einsatz von natürlichen Feinden** (Parasiten, Krankheitserreger, Räuber)

Schlupfwespen bringen ihre Eier in der Regel in Insektenlarven ein. Diese werden dann von den schlüpfenden und heranwachsenden Parasitenlarven von innen her aufgefressen. Da Schlupfwespen häufig auf einen Wirt spezialisiert sind, können sie auch gezielt gegen bestimmte Schadinsekten, wie die San-José-Schildlaus *(Quadraspidotus perniciosus)*, eingesetzt werden. Dieser Pflanzensaftsauger schädigt Obst durch giftige Speichelabsonderungen *(vgl. Abb. 71)*. Er wurde nach dem Zweiten Weltkrieg aus Nordamerika nach Europa eingeschleppt. In Deutschland richtete er in den Obstanbaugebieten Baden-Württembergs großen Schaden an.

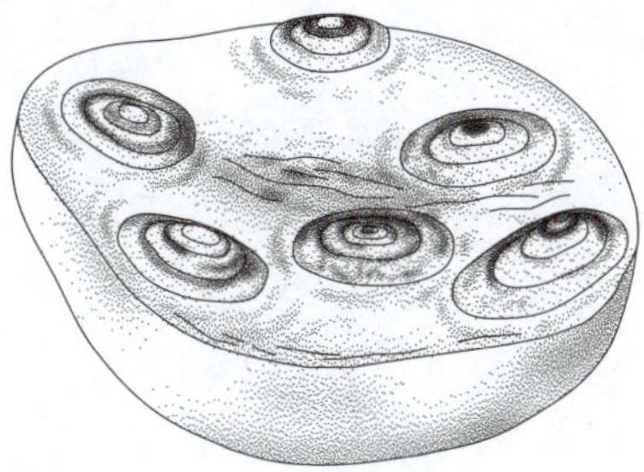

Abb. 71
Stück eines von der San-José-Schildlaus befallenen Apfels

Zur Bekämpfung der San-José-Schildlaus wurde ihr natürlicher Feind, die Zehrwespe *(Prospaltella perniciosi)*, eingeführt. Man züchtet diesen Schildlausparasiten regelrecht in Labors. Von dort stammende Früchte, die mit befallenen Schildläusen übersät sind, werden dann in Obstplantagen aufgehängt. Die schlüpfenden Zehrwespenweibchen stechen dann bis zu 40 Schildläuse in der Umgebung an.

Kartoffelkäfer können ebenfalls biologisch bekämpft werden. Dazu bringt man Bakteriensporen (von *Bacillus thuringiensis*) auf Kartoffelfeldern aus. In Kartoffelkäferlarven gelangt, zerstören die Keime deren Darmwand und töten sie ab.

Mit der Einbürgerung von Nützlingen konnte man schon in mehr als hundert Fällen Bekämpfungserfolge erzielen. Dabei muss aber unbedingt darauf geachtet werden, dass wirklich nur gezielt der Schädling angegangen wird.

Dieses Unterfangen kann auch misslingen. Ein bekannter Fall spielte sich im 19. Jahrhundert in der Karibik ab. Auf Jamaika waren dorthin eingeschleppte Ratten zur schlimmen Plage in den Zuckerrohrfeldern geworden. Zu ihrer Bekämpfung führte man aus Indien Mungos *(Herpestes ichneumon)* ein. Diese Schleichkatzenart drängte auch zunächst erwartungsgemäß die Ratten zurück. Als diese Nahrung für sie knapp wurde, wechselten sie aber auf andere Beute über. Sie jagten jetzt Insekten fressende Vögel und eine Eidechsenart, die sich vorwiegend von Insektenlarven ernährte. Nach einer Weile kam es in den Zuckerrohrplantagen erneut zu Ernteschäden, diesmal aber nicht durch Ratten, sondern durch Insekten verursacht.

• Anlockung

Zahlreiche Schädlinge, wie Borkenkäfer oder Apfelwickler, können durch Pheromone*, vor allem Sexuallockstoffe, geködert und in Fallen gefangen werden. Bei nachtaktiven Schädlingen besteht häufig die Möglichkeit, sie durch Lichtfallen anzulocken und zu töten.

• Selbstvernichtungsverfahren

Bei manchen Schadinsektenarten, wie der Schraubenwurmfliege *(Cochlia hominivorax)*, einem gefährlichen Rinderparasiten in Amerika, ist es möglich, im Labor gezüchtete Männchen zu sterilisieren. Man lässt diese dann zur Fortpflanzungszeit in großer Zahl frei. Sie konkurrieren mit den frei lebenden Männchen um die Weibchen. Weibchen, die sich mit den sterilen Männchen paaren, haben keinen Nachwuchs, die Geburtenrate der Schädlingspopulation sinkt.

3.2.3 Integrierter Pflanzenschutz

Mehr und mehr wird darauf hingearbeitet, die verschiedenen Methoden der Schädlingsbekämpfung zweckmäßig miteinander zu kombinieren. Ziel ist dabei, Schädlingspopulationen unter der sogenannten **wirtschaftlichen Schadensschwelle** zu halten. Chemische und biologische Bekämpfungsmaßnahmen und unterstützende Kulturmaßnahmen werden sinnvoll aufeinander abgestimmt und je nach konkreter Problemlage abgewandelt. Ziel ist es, eine möglichst gute Umweltverträglichkeit zu erreichen.

Eine Zusammenstellung der miteinander zu koordinierenden Maßnahmen zeigt Abbildung 72.

3.3 Nachwachsende Rohstoffe – eine neue Aufgabe für die Landwirtschaft

Wir alle sind es gewohnt, ein mobiles Leben zu führen. Schnell mal ins Auto gehüpft und übers Wochenende zum nächstgelegenenen Erholungsgebiet gefahren – eine vertraute Angewohnheit. Vielleicht wollen wir keinen persönlichen Beitrag zum Abgasausstoß leisten oder es nervt uns auch die Hektik am Steuer und wir benutzen die öffentlichen Verkehrsmittel, nehmen z.B. den Bus oder

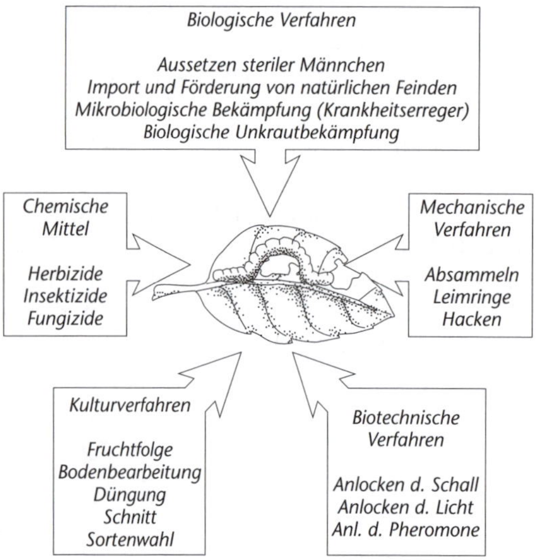

Abb. 72
Integrierter Pflanzenschutz und Pflanzenbau

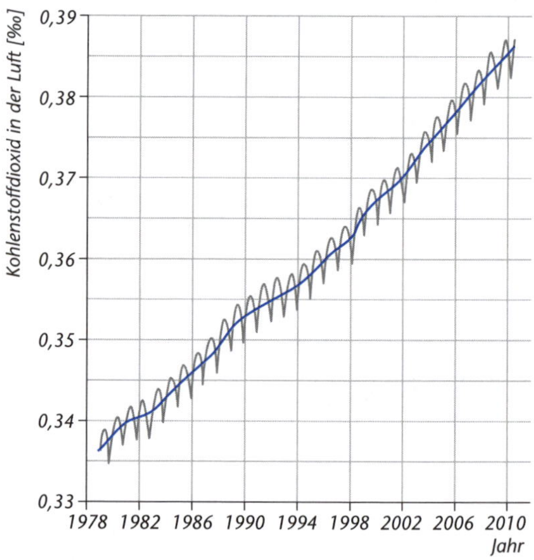

Abb. 73
Anstieg des CO_2-Gehalts der Atmosphäre

die Bahn. Wie auch immer – jedes Fortbewegungsmittel muss erstmal angetrieben werden. Das Auto fährt mit Benzin oder Diesel wie der Bus, die Lokomotive braucht auch Diesel oder als E-Lok Strom, der häufig aus einem Kohlekraftwerk kommt. In allen diesen Fällen wird die zur Fortbewegung benötigte Energie aus fossilen Rohstoffen bezogen. Bei ihrer Verbrennung wird Kohlendioxid, CO_2, freigesetzt, das sich in der Luft anreichert *(vgl. Abb. 73).*

Kohlendioxid trägt zum **Treibhauseffekt** bei. Dieser Erwärmungseffekt in der Atmosphäre kommt dadurch zustande, dass die Sonnenstrahlung fast ungehindert auf die Erdoberfläche fallen kann. Bei der Reflexion an der Erdoberfläche wird sie dann aber in langwelligere Strahlung umgewandelt, die von den Treibhausgasen in der Atmosphäre absorbiert und in Wärmeenergie umgesetzt wird. Der steigende CO_2-Gehalt verstärkt den Treibhauseffekt. Das Abschmelzen außerpolarer Gletscher und andere Klimabeobachtungen lassen eine weltweite Erwärmung erwarten. Um dieser vorzubeugen, muss der Ausstoß von Kohlendioxid in die Atmosphäre gesenkt werden. Dies kann durch sparsameren Verbrauch fossiler Brennstoffe geschehen.

Eine Möglichkeit hierzu ist der Anbau nachwachsender Rohstoffe.

Verschiedene pflanzliche Produkte können als **Energieträger** eingesetzt werden:

- **Chinaschilf** ist eine schnell wachsende Pflanze mit hohem Heizwert (Kraftwerke!).
- **Rapsöl** und **Palmöl** können Dieseltreibstoffe ersetzen.

Hinter dem Einsatz nachwachsender Rohstoffe als Energieträger steckt die Idee, durch Schaffung geschlossener Kreisläufe den CO_2-Ausstoß zu drosseln. Bisher wird durch Ver-

Aufgabe

E07 In Abbildung 74 wird die Verbrennung fossiler Stoffe der Verbrennung nachwachsender Rohstoffe gegenübergestellt. Worin besteht der entscheidende Unterschied in der Auswirkung auf die Atmosphäre?

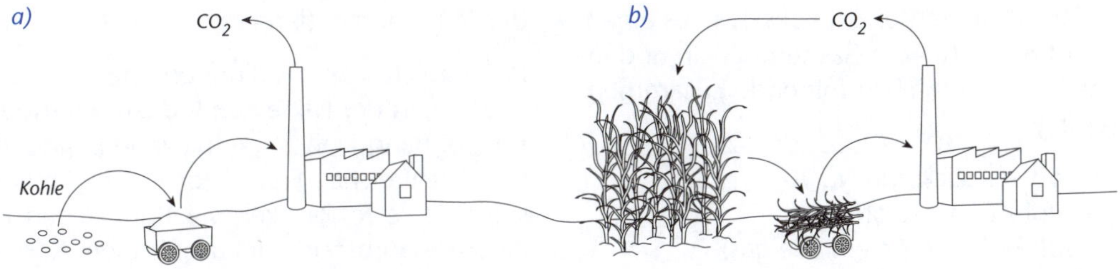

Abb. 74
CO2 gelangt in die Luft
a) bei Verbrennung fossiler Stoffe,
b) bei Verbrennung nachwachsender Rohstoffe

brennung fossiler Brennstoffe CO_2 nur produziert. Bei der Verwendung von pflanzlichen Produkten als Brennstoffe würde in der Wachstumsphase CO_2 durch die Fotosynthese auch verbraucht werden.

Pflanzenfette und Pflanzenöle können auch **als Chemierohstoffe** dienen und damit fossile Rohstoffe ersetzen:

- **Öle und Fette** können zur Gewinnung von Detergenzien, Lackrohstoffen etc. dienen. Aus Rapsöl lassen sich z.B auch Schmiermittel, Hydrauliköle und Zweitaktmotorenöle gewinnen. Vorteil ist, dass sie biologisch voll abbaubar sind. Sie sind deshalb ideal geeignet für den Einsatz bei Kettensägen und Maschinen im Wald und für Arbeiten in Gewässernähe.
- **Stärke** kann als Hilfsmittel unter anderem für die Papierherstellung dienen.
- **Cellulose** kann zur Gewinnung von Fasern und Füllstoffen dienen.
- **Zucker** kann z.B. auch als Kohlenstoffquelle für biotechnologische Prozesse dienen.

In allen Beispielen würde beim Anbau der Pflanzen Kohlendioxid aus der Atmosphäre entfernt.

Diese Erkenntnisse werden zunehmend in die Praxis umgesetzt: In Deutschland wurden 2005 bereits auf 12% der gesamten Ackerfläche nachwachsende Rohstoffe angebaut – fünfmal so viel wie zu Beginn der 90er-Jahre.

4. Luft

An einem windstillen Tag hat man als Kind den Eindruck, dass zwischen den Dingen, die wir sehen, „Nichts" ist. Kommt Wind auf, so spürt man, dass da doch etwas ist. Und wenn man im Herbst seinen Drachen steigen lässt, merkt man, dass dieses „Etwas" ganz schön kräftig sein kann.

Die Atmosphäre* der Erde besteht aus einem als Luft bezeichneten Gasgemisch. In Bodennähe hat trockene Luft folgende Zusammensetzung:

78,09 Vol.-% Stickstoff N_2,
20,95 Vol.-% Sauerstoff O_2,
0,93 Vol.-% Argon Ar (ein Edelgas),
0,035 Vol.-% Kohlendioxid CO_2.

Daneben enthält die Atmosphäre weitere Edelgase und Methan, Ozon, Kohlenmonoxid, Schwefeldioxid und Stickstoffoxide. Diese „Spurengase" können natürlichen Ursprungs sein, z.B. von einem Vulkanausbruch stammen.

Wenn es die Bewegungsfreudigen unter uns zu sportlicher Betätigung treibt, gehen sie vielleicht zum Joggen. Dafür werden dann Laufstrecken in freier Natur bevorzugt. Man läuft lieber tief in einem Wald als direkt an der Autobahn entlang.

Im Bereich von Siedlungen, besonders in Städten, in der Nähe von Industriebetrieben und entlang von Verkehrswegen, sind der Luft zahlreiche Fremdstoffe beigemischt, seien es feste Partikel wie Rußteilchen aus einem Schornstein oder gasförmiges Kohlenmonoxid aus einem Autoauspuff. Insgesamt hat man bereits mehr als 200 Schadstoffe ermittelt.

Aus dieser großen Palette greifen wir einige besonders häufig auftretende heraus:

	Emissionsrate in Millionen Tonnen pro Jahr	*Hauptemissionsquellen*	*Verhältnis natürlich: anthropogen*	
Kohlenstoffdioxid CO_2	*840*	*Atmung, Verbrennung fossiler Brennstoffe, Brandrodung*	*33:1*	
Kohlenstoffmonoxid CO	*3,5*	*atmosphärische Oxidation von Kohlenwasserstoffen, unvollständige Verbrennung*	*3,5:1*	
Stickstoffoxide als NO_2 *berechnet*	*0,15*	*Gewitter, atmosphärische Oxidation von* NH_3*, Verbrennungsprozesse*	*1:2,1*	
Schwefelbindungen als SO_2 *berechnet*	*0,4*	*Sümpfe, Vulkane, Verbrennung von Holz, Kohle und Erdölprodukten*	*1:1,5*	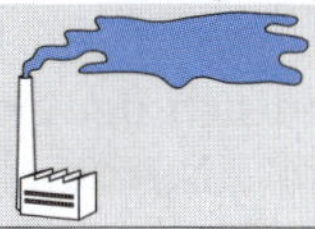

Abb. 75
Globale jährliche Emissionen* einiger Spurengase aus natürlichen und aus anthropogenen* Quellen

- **Schwefeldioxid SO_2**

Das farblose, stechend riechende Gas entsteht bei der Verbrennung von Schwefel und schwefelhaltigen Substanzen. Fossile Brennstoffe wie Kohle sind schwefelhaltig und somit eine der Hauptquellen für die Bildung des Gases.

Erhöhter Schwefeldioxidgehalt in der Luft führt zu **gesundheitlichen Belastungen** der Atemwege und kann die Quote an Lungenerkrankungen, wie Bronchitis und Asthma, erhöhen.
Das Schadgas dringt durch die Spaltöffnungen von Blättern in das Innere von Pflanzen ein. Durch Zerstörungen des Zellgewebes wird der **pflanzliche Organismus geschädigt**.
Schwefeldioxid setzt sich in der Luft, begünstigt durch die katalytische Wirkung von Metallstäuben, in Schwefeltrioxid um. Dieser Stoff reagiert mit dem in der Luft enthaltenen Wasserdampf zu Schwefelsäure. Niederschlag fällt als **saurer Regen** auf die Erde. Dieser kann dazu führen, dass Gewässer zunehmend saurer werden. Darunter leiden die Organismen der Lebensgemeinschaften in diesen Gewässern. In Südskandinavien sind bereits tausende Seen geschädigt und teilweise völlig fischfrei. Stark betroffen durch Übersäuerung sind auch die Gewässer im Bayerischen Wald. Beispielsweise ist der pH-Wert* im großen Arbersee von 5,8 auf 5 gesunken.
Schwefelsäure reagiert mit Kalk und zersetzt auf diese Weise Steine und Mauerwerk. **Denkmäler und Kunstwerke** aus Sandstein oder Marmor werden stark **beschädigt**.

Abb. 76
Umweltschäden an einer alten Steinfigur

Wirksame Abhilfe schafft eine Senkung des Schwefeldioxidgehalts der Atmosphäre. So führt beispielsweise die Rauchgasentschwefelung in Kohlekraftwerken zu einer deutlichen Senkung des SO_2-Ausstoßes.

- **Stickstoffoxide NO_x**

Die Stickstoffoxide NO, NO_2 und N_2O_4 (zusammen als NO_X bezeichnet und unter dem Namen Stickoxide bekannt) entstehen als Nebenprodukte bei Verbrennungsvorgängen.

Durch die hohen Temperaturen bei der Verbrennung von Benzin im Kfz-Motor verbinden sich der eigentlich reaktionsträge Stickstoff (N_2) der Luft und Sauerstoff (O_2) zu Stickstoffmonoxid (NO):

$$N_2 + O_2 \longrightarrow 2\,NO$$

Hat dieses Gas den Motor per Auspuff verlassen, reagiert es an der Luft langsam weiter zu Stickstoffdioxid (NO_2):

$$2\,NO + O_2 \longrightarrow 2\,NO_2$$

Stickoxide führen in der unteren Atmosphäre zur **Bildung von Ozon**, einem Gas, das die Atemwege stark reizt und bereits in geringen Mengen giftig ist. Die chemischen Reaktionen der Stickoxide mit der Atmosphäre sind sehr kompliziert, sodass wir sie nur stark vereinfacht darstellen.

Bei Einwirken von UV-Strahlung aus dem Sonnenlicht wird Stickstoffdioxid, das sich in der Luft verteilt hat, zerlegt:

$$NO_2 \xrightarrow{UV} NO + \langle O \rangle$$

Die dabei entstehenden Sauerstoffatome ⟨O⟩ sind sehr reaktionsfreudig und reagieren mit Sauerstoffmolekülen (O_2) weiter zu Ozon (O_3):

$$\langle O \rangle + O_2 \longrightarrow O_3$$

Ozon kann aber auch wieder zersetzt werden. Das geschieht beim Kontakt mit Stickstoffmonoxid:

$$NO + O_3 \longrightarrow NO_2 + O_2$$

Das Zusammenspiel der aufgeführten chemischen Reaktionen bringt es mit sich, dass in Reinluftgebieten die Ozonwerte häufig viel höher liegen als in einer Großstadt. Wer sich für die Gründe dieses zunächst mal überraschenden Phänomens interessiert, kann die folgende Aufgabe bearbeiten.

Aufgabe

E08 Messungen ergaben, dass in Reinluftgebieten abseits von Straßen, z. B. auf Berggipfeln, insbesondere nachts höhere Ozonwerte gemessen werden als entlang einer viel befahrenen Autobahn oder in einer Großstadt.

Erschließen Sie aus den Angaben im Text zur Bildung und Zersetzung von Ozon die Ursachen dafür.

Der Stickstoffoxidgehalt im Auspuffgas der Kraftfahrzeuge kann durch Einbau eines geregelten Katalysators deutlich gesenkt werden. Dieser ermöglicht z. B. die Reaktion von Kohlenmonoxid mit Stickstoffmonoxid:

$$2\,CO + 2\,NO \longrightarrow N_2 + 2\,CO_2$$

Aus zwei giftigen bzw. schädlichen Gasen entstehen die beiden normalen Luftbestandteile Stickstoff und Kohlenstoffdioxid.

 Lösung Seite 109

5. Zusammenfassung

- **Gewässer**

Gelangt **Abwasser** in einen Fluss, so wird die **natürliche Selbstreinigung** des Gewässers wirksam.

Kriterien zur Beurteilung der **Gewässergüte** sind die Bestimmung von **Leitorganismen** und die Ermittlung des **biochemischen Sauerstoffbedarfs (BSB)**.

Durch die anthropogene Zufuhr von organischen Nährstoffen und Mineralstoffen wird die **Eutrophierung** von Gewässern **beschleunigt**. Auf den Gewässerboden sinkende Substanz kann wegen eintretenden Sauerstoffmangels nicht mehr abgebaut werden. Es bilden sich **Faulschlamm** und schließlich **Faulgase**. Der See geht vom aeroben in den anaeroben Zustand über (**Umkippen**).

Der **Kühlwasserverbrauch** (z.B. in Großkraftwerken) führt zu einem **Anstieg der Wassertemperatur**. Folge davon sind Sauerstoffschwund und Beeinträchtigung der Selbstreinigung des Gewässers.

Bei der **Abwasserreinigung** in einer **Kläranlage** erfolgt die **Reinigung in drei Stufen**:

- **Mechanische Reinigungsstufe**: Grob- und Feinrechen, Sandfang, Vorklärbecken, Faulturm
- **Biologische Reinigungsstufe**: Belüftungsbecken, Nachklärbecken
- **Chemische Reinigungsstufe**: Ausfällung von Salzen

- **Landwirtschaft**

Bei **Monokultur** wird nur eine einzige Art angepflanzt.

Diese Anbaumethode bringt **Vorteile** meist **ökonomischer Art** mit sich; es ergeben sich aber auch **Probleme**:

- Es kommt zur **Bodenverarmung**. Der Boden kann nur noch wenig Nährsalze speichern. Um weiterhin ertragreiche Ernten zu ermöglichen, müssen mineralische und organische Stoffe in Form von **Dünger** zugeführt werden.
- Es kann zum massenhaften Auftreten von **Schädlingen** kommen. Als Gegenmaßnahme besonders wirksam sind die chemische und die biologische Schädlingsbekämpfung.

Unter **chemischer Schädlingsbekämpfung** versteht man den **Einsatz von Substanzen, die** für die Schädlinge **toxisch wirken**. Diese **Biozide** oder **Pestizide** werden je nach ihrer Wirkung in verschiedene Gruppen unterteilt:

- **Insektizide** zur Bekämpfung von Insekten,
- **Acarizide** zur Bekämpfung von Milben,
- **Fungizide** zur Bekämpfung von Pilze.

Zur Bekämpfung von Unkräutern werden **Herbizide** eingesetzt.

Die chemische Schädlingsbekämpfung kann **unerwünschte Nebenwirkungen** haben:

- Ist der Wirkstoff eine fettlösliche Substanz, wird er im Fettgewebe abgelagert und über die Nahrungskette weitergereicht. Dabei kommt es zur **Anreicherung in der Nahrungskette.**
- Beim Einsatz eines Biozides befinden sich unter den bekämpften Organismen einzelne, denen das Gift nichts anhaben kann. Die besonderen Eigenschaften, die diese „Giftfestigkeit" bewirken, sind erblich und werden an die Nachkommen weitergegeben. Es kommt zur **Ausbildung von Resistenzen.**
- Viele Biozide wirken nicht selektiv auf Schädlinge, sondern auch auf andere Arten ein und führen zu einer **Störung des ökologischen Gleichgewichts.** Ein Insektizid kann beispielsweise nicht nur auf das Schadinsekt, sondern auch auf ein Raubinsekt als den Feind des Schädlings einwirken.

In diesem Fall gilt die VOLTERRA-Regel 3:

Werden z. B. durch Jagd und Gifteinsatz die Populationsdichten von Räuber und Beute in gleicher Weise vermindert, so erholt sich die Beutepopulation schneller als die Räuberpopulation.

Bei der **biologischen Schädlingsbekämpfung** versucht man durch **Verwendung von Lebewesen** und unter **Ausnutzung biologischer Wechselwirkungen** den Schädling zurückzudrängen.

Hierfür gibt es mehrere Möglichkeiten:

- die **Förderung von Nützlingen,**
- den **Einsatz von natürlichen Feinden** (Parasiten, Krankheitserreger, Räuber),
- die **Anlockung** (z. B. mit Lichtfallen)
- und das **Selbstvernichtungsverfahren** (z. B. Einsatz steril gemachter Männchen).

Beim **integrierten Pflanzenschutz** werden die verschiedenen Methoden der Schädlingsbekämpfung zweckmäßig miteinander kombiniert.

Nachwachsende Rohstoffe dienen als Ersatz für fossile.

Sie können als **Energieträger** (z. B. Chinaschilf) eingesetzt werden, wobei durch Schaffung geschlossener Kreisläufe der CO_2-Ausstoß gedrosselt wird.

Sie können als **Chemierohstoffe** eingesetzt werden, z. B. können Öle und Fette zur Gewinnung von Detergenzien, Lackrohstoffen etc. dienen.

- **Luft**

Bei der Verbrennung schwefelhaltiger fossiler Brennstoffe wie Kohle entsteht **Schwefeldioxid SO_2**. Dieses farblose, stechend riechende Gas führt zu **gesundheitlichen Belastungen** der Atemwege, zur **Schädigung pflanzlicher Organismen** durch Zerstörungen des Zellgewebes und zur Bildung **sauren Regens**.

Stickstoffoxide NO_x entstehen als Nebenprodukte bei Verbrennungsvorgängen wie der Verbrennung von Benzin im Kfz-Motor. Sie führen in der unteren Atmosphäre zur **Bildung von Ozon**, einem Gas, das die Atemwege stark reizt und bereits in geringen Mengen giftig ist.

Der Stickoxidgehalt im Auspuffgas der Kraftfahrzeuge kann durch Einbau eines geregelten Katalysators deutlich gesenkt werden.

F Umwelt und Naturschutz

Beobachtungen im Kronendach des tropischen Regenwaldes etwa Mitte der Achtzigerjahre zeigten, dass dort zahlreiche Pflanzen- und Tierarten neu zu entdecken sind. Entsprechendes gilt auch für andere Ökosysteme. Insgesamt kennt die Wissenschaft wohl kaum ein Fünftel der auf der Erde lebenden Arten. Etliche Millionen sind noch nicht erforscht. Und man schätzt, dass im Jahre 2100 mehr als die Hälfte aller heute lebenden Organismenarten nicht mehr existieren werden; die größte Aussterbewelle seit mehr als 65 Millionen Jahren, dem Ende der Dinosaurierzeit!

Vom Großen Panda gibt es heute nur noch etwa 1000 Exemplare. Gelingt in einem Zoo die Nachzucht, so ist das Entzücken groß.

Abb. 77
Artenschutz

Auch die Geburt eines Panzernashornbabys ist garantiert eine Erfolgsmeldung wert. Aufmerksamkeit und Wohlwollen gelten nicht allen bedrohten Tierarten, sondern nur einigen wenigen. Diese stellen wir unter strengen Naturschutz und versuchen mit großem Aufwand, die Arten in Tierparks und Schutzgebieten zu erhalten.

Das Bild, das wir von der Natur um uns herum haben, ist also reichlich zwiespältig. Es ist geprägt von unseren Beziehungen zur Natur. Und aus seiner kurzen historischen Perspektive heraus erscheint sie dem Menschen als etwas gleichmäßig Stabiles, als schier **unerschöpfliche Nährmutter, die immer wieder ergänzt, was man ihr nimmt**. Doch war die Natur auch vor dem Erscheinen der Gattung Homo keineswegs stabil. Am Übergang zwischen den Erdzeitaltern verschwand jeweils eine Fülle vorher dominierender Lebensformen und wurde durch neue ersetzt. Das bisher umfassendste Massenaussterben, bei dem über 90% aller damals lebenden Arten vernichtet wurden, ereignete sich vor 250 Millionen Jahren gegen Ende des Erdaltertums an der Grenze von Perm zu Trias.

Eine weitere Erfahrung, die die menschliche Vorstellung von Natur geprägt hat, ist die, **dass man Naturgewalten** mit dem Einsatz technischer und zivilisatorischer Mittel **bändigen und beherrschen kann**. Naturkatastrophen wie Überschwemmungen oder tödlichen Seuchen ist der Mensch dadurch immer weniger hilflos ausgeliefert.

Mit steigender Bevölkerungszahl und zunehmender Technisierung zeigt sich aber immer deutlicher, dass das beschriebene Doppelbild überholt ist. Weder sind die Gaben der Natur unerschöpflich, noch vermag sie jeden Eingriff des Menschen unbeschadet zu überstehen.

Ursachen und Auswirkungen, die sich aus der rasanten Entwicklung im wissenschaftlich-technischen Bereich ergeben, seien hier nur stichpunktartig wiederholt:
Die industrielle Produktion führt zur Verschmutzung von Boden, Wasser und Luft. Die moderne Landwirtschaft birgt durch den massiven Einsatz von Chemikalien große Risiken für Böden und Wasser. Der Verkehr beansprucht Fläche, benötigt Energie und führt zu Luftverschmutzungen.

Die genannten Umweltbelastungen sind kein Problem der Industrieländer allein, sondern betreffen die gesamte Biosphäre. Deutlich sichtbar wird dies durch die Bedrohung der Regenwälder, die Zerstörung der Ozonschicht und die Veränderung des Klimas. Die Grenzen der Belastbarkeit von Natur und Umwelt sind also schon erreicht oder rücken näher. Das Ausmaß der Bedrohung der Umwelt – und darin eingeschlossen des Menschen selbst – verlangt nach Auswegen.

Bereits der erste Bericht des Club of Rome* im Jahre 1972 enthält die Forderung nach einem prinzipiellen Umdenken und nach einer Veränderung der menschlichen Handlungsziele.

Dazu ist ein fundiertes Wissen von den Gesetzmäßigkeiten der Ökologie hilfreich. Die Leserinnen und Leser unseres Buches haben sicherlich ein Gespür für die grundsätzliche Vernetztheit und gegenseitige Abhängigkeit aller Phänomene bekommen. Auch der Mensch ist Glied in biologischen Gemeinschaften und bleibt den dabei geltenden Gesetzen unterworfen. Aus dieser Erkenntnis lässt sich als **Grundlage eines neuen Wertesystems** (einer neuen Umweltethik) der Gedanke ableiten, dass der Mensch sein Verhältnis zur Natur als eine symbiontische Partnerschaft begreifen soll, statt lediglich parasitären Nutzen aus ihr zu ziehen.

» Wollte man für diese neue symbiotische Natureinstellung erste Verhaltensregeln nennen, so wäre auf Folgendes hinzuweisen: …

- Bei der Organisation von Technik ist die Selbstorganisation der Natur möglichst weit mit einzubeziehen.
- Beim Eingriff in die irdische Evolution ist auf die Kontinuität des bisherigen Prozesses und auf die Vielfalt seiner Garanten zu achten.
- Beim Einlassen auf den Prozeß der Evolution darf die vorübergehende Einmaligkeit eben dieser Phase der Evolution nicht übersehen werden. Arten dürfen nicht achtlos verändert und ausgerottet werden.
- In der absichtsvollen Gestaltung der menschlichen Zivilisation ist der Zweck der Natur fortzusetzen und unter der Perspektive gesellschaftlicher Bedürfnisse zu steigern, soweit er für menschliches Erkennen sichtbar ist. (…)

(Altner, Biologie und Ethik aus der Sicht des Theologen, S. 35)

---

* Begriffe mit Sternchen werden im Glossar am Ende des Buches erläutert.

In der öffentlichen Diskussion taucht immer häufiger als Leitbild die so genannte **Nachhaltigkeit** auf. Dieser Begriff wurde bereits im Jahre 1713 vom sächsischen Oberberghauptmann Hans Carl von Carlowitz geprägt, der in einer Veröffentlichung zur Forstwirtschaft forderte, die dauerhafte Waldbewirtschaftung so zu gestalten, dass eine Übernutzung vermieden werde. Es darf also nur so viel Holz eingeschlagen werden, wie nachwächst. Das Prinzip der Nachhaltigkeit berücksichtigt damit das Wohlergehen nachkommender Generationen und bezieht sich heute auf die gesamte Biosphäre. Eine nachhaltige Entwicklung (sustainable development) soll die aktuellen Bedürfnisse der Bevölkerung nach sozialer Gerechtigkeit, wirtschaftlichem Wohlstand und intakter Umwelt befriedigen können, ohne dabei die Bedürfnisse künftiger Generationen zu beeinträchtigen.

Auf der Konferenz für Umwelt und Entwicklung der Vereinten Nationen in Rio de Janeiro (1992) wurde von 178 Staaten die **Agenda 21** beschlossen. Unter Mitwirkung von Nichtregierungsorganisationen, wie beispielsweise Ärzte ohne Grenzen, Rotes Kreuz und Kirchengruppen, einigte man sich auf die nachhaltige Entwicklung als einem international verbindlichen Leitmotiv. Es sollten unter anderem globale Lösungen gefunden werden, um die Armut zu bekämpfen, das Bevölkerungswachstum einzudämmen, die menschliche Gesundheit zu bewahren, die Ozeane zu schützen und mit Biotechnologien umweltgerecht umzugehen.

Als nationale Aufgaben im Rahmen der Agenda 21 wurden von der deutschen Regierung mehrere Ziele definiert. So sollte z.B. innerhalb von weniger als 20 Jahren die Güterverkehrsleistung, die per Eisenbahn erfolgt, verdoppelt werden, und der Anteil erneuerbarer Energien an der Stromerzeugung sollte bis 2020 auf 20% steigen.

Auch eine persönliche Agenda 21 lässt sich aufstellen. Dabei könnte man sich z.B. über folgendes Gedanken machen:

- Wie vermeide ich es, Lebensmittel in einer Menge von über 50 kg pro Jahr wegzuwerfen? Denn genau dies tut der durchschnittliche Bundesbürger!
- Im Stadtverkehr werden Fahrten bis zu einer Entfernung von 6 km am schnellsten mit dem Fahrrad bewältigt.
- Beim Kauf von PCs sollte man fragen, ob sie sich aufrüsten und leicht reparieren lassen – beispielsweise sollten Akkus oder andere Einzelteile leicht ausgetauscht werden können.
- Brauche ich das neue T-Shirt gerade wirklich? Es macht einen Unterschied, ob ich ein T-Shirt drei Monate oder drei Jahre trage. Zur Herstellung eines normalen Baumwoll-T-Shirts braucht man nämlich 2700 Liter Wasser.

Weitere kreative Ideen, um persönlich nachhaltig zu leben, finden sich zahlreich in der Literatur und im Internet. Man muss sich nur auf die Suche machen – unsere Umwelt und die nachfolgenden Generationen werden es danken.

Quellen

S. 7	Abb. 1	shutterstock, © Bart Everett
S. 7f.	Text	vgl. Brown, D.: Alaska, Time-Life International (Nederland) 1974
S. 22	Abb. 20	verändert nach Strasburger, E.: Lehrbuch der Botanik für Hochschulen, 34. Auflage, Heidelberg 1999, S. 195
S. 27	Abb. 25	shutterstock, © rujithai
S. 45	Abb. 38	shutterstock, © neelsky
S. 62	Foto	© Dorothea Leiser
S. 65	Foto	© Wolfgang Spittelmeister
S. 66	Versuch 03	nach Schuster, M.: Ökologie und Umweltschutz, München 1980, S. 97
S. 81	Aufgabe E04	verändert nach Abiturprüfung in Bayern, Leistungskurs Biologie 1993
S. 83	Abb. 67	nach Daten aus: Statistisches Bundesamt, Artikelnummer: 2040820127004, Wiesbaden 2012
S. 93	Abb. 76	shutterstock, © Khirman Vladimir
S. 99	Zitat	Altner, G.: Biologie und Ethik aus der Sicht der Theologen, in: Hedwig/Stichmann (Hrsg.): Biologieunterricht und Ethik, Köln 1988

Lösungen

Kapitel A

Seite 11 **A01**

a) kosmische Umwelt
b) physiologische Umwelt
c) ökologische Umwelt
d) psychologische Umwelt
e) minimale Umwelt

Kapitel B

Seite 15 **B01**

Eidechsen gehören zu den wechselwarmen Tieren. Ihre Körpertemperatur schwankt mit der Umgebungstemperatur. Morgens ist die Temperatur viel niedriger als nachmittags. Die Körpertemperatur der Eidechse ist demnach nachmittags höher. Nach der RGT-Regel beschleunigen sich mit steigender Temperatur die physiologisch-chemischen Prozesse im Körper. Die „Nachmittagseidechse" kann deshalb schneller reagieren und sich flinker bewegen als die „Vormittagseidechse".

Seite 16 **B02**

Würfel von 2 cm Kantenlänge:
Oberfläche = 2 cm · 2 cm · 6 = 24 cm^2
Volumen = 2 cm · 2 cm · 2 cm = 8 cm^3
Oberfläche/Volumen = 24/8 = 3 (relative Oberfläche)

Würfel von 4 cm Kantenlänge:
Oberfläche = 4 cm · 4 cm · 6 = 96 cm^2
Volumen = 4 cm · 4 cm · 4 cm = 64 cm^3
Oberfläche/Volumen = 96/64 = 1,5 (relative Oberfläche)

Seite 18 **B03**

Beides kann durch stundenweises Verdunkeln erreicht werden. Salat als Langtagpflanze bekommt dann nicht die zur Blütenbildung nötige Lichtmenge. Chrysanthemen als Kurztagpflanzen werden hingegen früher zum Blühen gebracht.

Seite 19 **B04**

Im Fall der Blätter wird man Werte erhalten, aus denen sich ergibt, dass ihr Wasseranteil mehr als 90% beträgt. Im Fall der Pflanzensamen wird man hingegen auf einen Wasseranteil von etwas über 10% kommen.

Seite 21 **B05**

In beiden Messzylindern haben die Wasserstände nach einem Tag abgenommen, dies allerdings unterschiedlich stark. Im Gefäß, in dem die blattreiche Pflanze steht, ist der Wasserspiegel deutlich niedriger. Je mehr Blätter vorhanden sind, desto mehr Wasser wird vom Spross angesaugt.

Seite 22 B06

Laubblätter sind großflächig gebaut und relativ dünn. Sie geben relativ viel Wasser nach außen ab. Im Winter würde ein blatttragender Laubbaum viel Wasser verlieren, das er bei gefrorenem Boden nicht ersetzen könnte. Folge wäre eine tödliche Austrocknung.
Die Blätter von Nadelbäumen sind klein und länglich, haben also nur eine geringe Oberfläche. Außerdem ist ihre Haut verstärkt. Dadurch ist ihr Wasserverlust nur sehr gering. Der Baum ist dadurch auch bei gefrorenem Boden nicht von Austrocknung bedroht.

Seite 23 B07

Die Ratte verliert insgesamt 45 g + 14 g + 3 g = 62 g Wasser bei einer Aufnahme von 10g Wasser. Ihre Wasserbilanz ist also negativ: Sie verliert 52 g Wasser mehr, als sie durch die Nahrung aufnimmt.

Seite 26 B08

Addiert man die Zahl der Fälle, in denen sich entweder *T. castaneum* oder *T. confusum* durchsetzt, so ergeben sich stets 100%. Der Fall der Koexistenz tritt also nie auf. Eine der beiden Arten verdrängt auf jeden Fall die andere.

Seite 27 B09

Die beiden Paramecienarten müssen sich in irgendeinem wichtigen Faktor unterscheiden, sodass das Konkurrenzausschlussprinzip für sie nicht gilt.

Seite 28 B10

Unterschiedliche Aktivitätszeit (Tag, Dämmerung und Nacht), unterschiedliche Jagdstandorte (Beinlänge!), andere Fangmethoden und andere Beute (Schnabel!).

Seite 30 B11

Der Bandwurm kann sich die genannte **Organrückbildung** „erlauben“, da der Wirt ihm die Aufgaben der Nahrungsaufnahme und Verdauung abnimmt. Er selbst resorbiert die Nahrungsteilchen über seine Haut und benötigt auch kein Verteilungssystem.
Ein weiteres Beispiel von Organrückbildung bietet die Kleeseide. Sie ist fast blattlos. Die Aufgabe der Bildung organischer Nährstoffe durch Fotosynthese erledigt die Wirtspflanze für sie.

Seite 35 B12

Die Knöllchenbakterien erhalten von der „Partnerpflanze“ die für Wachstum und Vermehrung notwendigen Nährstoffe; die Pflanze ihrerseits wird von den „Partnerbakterien“ mit Stickstoff versorgt.

Kapitel C

Seite 38 C01

a) Bei einer Zweiteilung alle 20 Minuten werden in 8 Stunden 24 Zweiteilungsschritte durchlaufen. Die Bakterienanzahl beläuft sich damit auf 2^{24} = 16 777 216 Exemplare.

b)

Generation	Bakterienanzahl
0	1
1	2
2	4
3	8
4	16
5	32
6	64
7	128
8	256
9	512
10	1 024
11	2 048
12	4 096
13	8 192
14	16 384
15	32 768
16	65 536
17	131 072
18	262 144
19	524 288
20	1 048 576

Seite 40 C02

Geburtenrate $b = \frac{100}{200} = 0{,}5$
Sterberate $d = \frac{20}{200} = 0{,}1$
Wachstumsrate $r = b - d = 0{,}5 - 0{,}1 = 0{,}4$

Seite 40 C03

$N_2 = r \cdot N_1 + N_1$
$N_2 = 0{,}4 \cdot 280 + 280 = 112 + 280 = 392$

$N_3 = r \cdot N_2 + N_2$
$N_3 = 0{,}4 \cdot 392 + 392 = 156{,}8 + 392 = 548{,}8$

$N_4 = r \cdot N_3 + N_3$
$N_4 = 0{,}4 \cdot 548{,}8 + 548{,}8 = 219{,}5 + 548{,}8 = 768{,}3$

Seite 41 C04

Anzahl der Mäuse nach 10 Monaten:
$N_{10} = 200 \cdot 1{,}4^{10} = 5785$

Anzahl der Mäuse nach 15 Monaten:
$N_{15} = 200 \cdot 1{,}4^{15} = 31113{,}6$

Seite 44 C05

Faktor Krankheit:
(1) Je geringer die Populationsdichte ist, umso weniger Krankheitsfälle treten auf.
(2) Je weniger die Krankheit verbreitet ist, desto kleiner ist die Sterberate.
(3) Je kleiner die Sterberate ist, umso größer wird die Populationsdichte.
(4) Je weniger die Krankheit verbreitet ist, desto größer ist die Geburtenrate.
(5) Je größer die Geburtenrate ist, umso größer wird die Populationsdichte.

Faktor Nahrungsangebot:
(1) Je geringer die Populationsdichte ist, desto größer wird das Nahrungsangebot.
(2) Je größer das Nahrungsangebot ist, desto kleiner wird die Sterberate.
(3) Je kleiner die Sterberate ist, umso größer wird die Populationsdichte.
(4) Je größer das Nahrungsangebot ist, desto größer wird die Geburtenrate.
(5) Je größer die Geburtenrate ist, umso größer wird die Populationsdichte.

Seite 45 C06

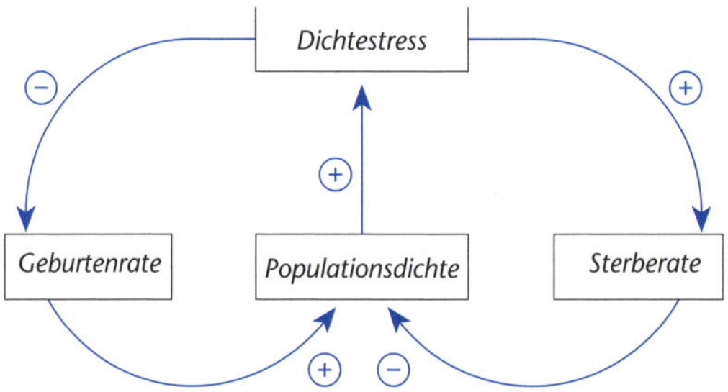

Seite 47 C07

Die Maxima der Populationsdichte der Räuber folgen immer den Maxima der Populationsdichte der Beutearten.

Seite 47 C08

Die Maxima der Luchspopulation liegen immer nach den Maxima der Schneeschuhhasenpopulation. Dies weist darauf hin, dass die Schneeschuhhasen (weil leicht zu erlegen) die Hauptnahrung des Luchses sind. In Zeiten geringer Schneeschuhhasendichte nimmt die Karibudichte ab. Der Luchs scheint also in Jahren, in denen seine Hauptbeute nur spärlich vorhanden ist, auf die (wohl schwerer zu erlegenden) Karibus auszuweichen. In dieser Zeit können sich die Schneeschuhhasenbestände erholen und bieten dem Luchs wieder leichte Beute, sodass er erneut Hasen jagt, worauf wiederum die Karibubestände ansteigen.

Seite 49 C09

Denkbare Ursachen sind das Auftreten von sozialem Stress, das Entstehen von Nahrungsmangel und die anwachsende Infektionsgefahr bei großer Populationsdichte sowie das Nachlassen der Wirkung dieser Faktoren bei kleiner Bestandsdichte.

Kapitel D

Seite 56 **D01**

Primärer Fleischfresser = Konsument 2. Ordnung
Sekundärer Fleischfresser = Konsument 3. Ordnung
Tertiärer Fleischfresser = Konsument 4. Ordnung

Seite 58 **D02**

In die Produzenten gelangen 20 810 kcal, davon erhalten die Konsumenten 1. Ordnung 3368 kcal. Das entspricht einem Anteil von $\frac{3368}{20\,810} \cdot 100\% = 16{,}18\%$.
In die Konsumenten 1. Ordnung gelangen 3368 kcal, davon erhalten die Konsumenten 2. Ordnung 383 kcal. Das entspricht einem Anteil von $\frac{383}{3368} \cdot 100\% = 11{,}37\%$.
In die Konsumenten 2. Ordnung gelangen 383 kcal, davon erhalten die Konsumenten 3. Ordnung 21 kcal. Das entspricht einem Anteil von $\frac{21}{383} \cdot 100\% = 5{,}48\%$.

Seite 59 **D03**

$5000 \cdot 6000 \cdot 130000 = 3900000000000$.

Seite 59 **D04**

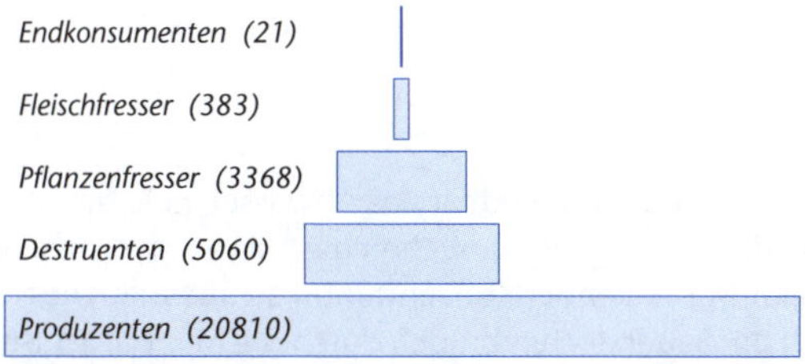

Seite 59 **D05**

Essen wir die Körner selbst, so stehen uns alle darin enthaltenen Nährstoffe zur Verfügung. Verfüttern wir die Körner an Hühner, so schleusen wir die Nährstoffe eine Trophieebene weiter. Der Großteil der in den Körnern steckenden Energie geht bei der Passage durch den Vogelkörper, z. B. durch Wärme- und Atmungsverluste, für uns verloren. Außerdem essen wir vom Huhn nur das Fleisch und nicht etwa auch noch die Federn. Bei direkter Körnerverwertung können mehr Menschen satt werden als bei indirekter.

Seite 60 **D06**

Um sich auf dem blanken Felsen ernähren zu können, ist es von Vorteil, sich die organischen Nährstoffe selbst herstellen zu können. Dazu ist es aber notwendig, auch auf dem unwirtlichen Untergrund genügend Wasser und Mineralstoffe zu erhalten. Pilz- und Algenart, die in enger symbiontischer Beziehung eine Flechtenart bilden, ergänzen sich diesbezüglich prächtig.

Seite 64 **D07**

Uferbereich: z. B. Schilf, Schwimmblattpflanzen, Stockenten, Möwen
Freiwasserkörper: z. B. Fische (Barsche, Hechte …), Plankton (verschiedene Algen)
Tiefenboden: z. B. Würmer, Bakterien

Seite 69 D08

a) Im Sommer ist der Wasserkörper des Sees gegliedert in **Deckschicht**, **Sprungschicht** und **Tiefenschicht**. Infolge der unterschiedlichen Dichte bei unterschiedlicher Temperatur schwimmt die Warmwasserschicht regelrecht auf der Kaltwasserschicht. Umwälzungsvorgänge erfassen nur die Deckschicht (Teilzirkulation). Der dort gebildete Sauerstoff kann demzufolge nicht in die Tiefe gelangen. In der Tiefenschicht herrscht Stagnation und die dort freigesetzten Mineralstoffe können nicht in die Deckschicht aufsteigen.

b) Im Herbst ist die Temperatur im ganzen Wasserkörper ausgeglichen. Bei der dadurch möglichen Vollzirkulation werden im Wasser gelöste Stoffe, wie Mineralstoffe oder Sauerstoff, gleichmäßig im ganzen Gewässer verteilt.

Seite 69 D09

1d, 2b, 3c, 4a

Kapitel E

Seite 78 E01

Bei starker Verschmutzung enthält das Abwasser viele belastende organische Substanzen. Bei deren Abbau verbrauchen die Mikroorganismen viel Sauerstoff (BSB5-Wert ist hoch). Mit sinkender Konzentration an abzubauender organischer Substanz nimmt auch der Sauerstoffverbrauch durch die Mikroorganismen ab (BSB5-Wert sinkt).

Seite 78 E02

Wenn am Gewässerboden kein Sauerstoff (O_2) mehr vorhanden ist, wirkt die Sedimentoberfläche reduzierend. Dies hat zur Folge, dass die in ihrem Bereich vorhandenen Eisenionen hauptsächlich als Fe^{2+}-Ionen vorliegen, die sich nicht mit Phosphationen (PO_4^{3-}) zu schwer löslichem Eisen-III-phosphat ($FePO_4$) verbinden können. Deshalb werden Phosphationen freigesetzt und dem Stoffkreislauf des Sees zugeführt.

Seite 79 E03

① Sauerstoffgehalt
② Nährstoffzufuhr
③ Produzenten
④ Konsumenten
⑤ anaerobe Destruenten
⑥ aerobe Destruenten

Seite 81 E04

a) Am Anfang war der Bodensee ein oligotrophes Gewässer (geringe Phosphationenkonzentration), das nur die Nahrungsgrundlage für eine begrenzte Anzahl von Wasservögeln lieferte.
Im Laufe der Zeit kam es zu einer zunehmenden Eutrophierung, erkennbar an der Zunahme der Phosphationenkonzentration. Als Folge kam es zu einer gesteigerten Primärproduktion. Das Nahrungsangebot sowohl für die Pflanzen fressenden als auch für die Fisch fressenden Vögel verbesserte sich und es kam zunächst zur Zunahme der Individuenzahl. Ab etwa 1970 blieb die Individuenzahl der genannten Vögel trotz weiterer Zunahme der Phosphationenkonzentration gleich. Ein möglicher Grund ist die Nahrungskonkurrenz der Vögel untereinander.

b) Die Fällung der Phosphationen in der chemischen Stufe der Kläranlagen führte zu einem Rückgang der Primärproduktion (z. B. weniger Algen) und damit zu einer Verringerung des Nahrungsangebots für die Konsumenten, zu denen auch die verschiedenen Wasservögel gehören. Dadurch kam es zu einer Abnahme der Individuenzahlen der verschiedenen Wasservogelarten.

Seite 87 E05

a) Die Werte nehmen von Fressebene zu Fressebene zu. Offensichtlich wird DDT in den Körpern der Organismen nicht abgebaut. Frisst eine Möwe z. B. viele Muscheln, so gelangt aus jeder Muschel eine bestimmte DDT-Menge in den Vogel. Die Substanz reichert sich in ihm an.

b) Konzentration im Fischadlerei = 13,8 ppm, Konzentration im Plankton = 0,04 ppm; $\frac{13{,}8}{0{,}04} = 345$; die DDT-Konzentration im Fischadlerei ist 345-mal größer als die im Plankton.

Seite 88 E06

Die wenigen Schildläuse, die nach der Bekämpfung übrig bleiben, finden sofort wieder Nahrung und können sich vermehren; die verbliebenen Räuber – die Marienkäfer – hingegen nicht. Sie sind für ihr Gedeihen auf die Beute als Nahrungsquelle angewiesen. Wegen der geringen Zahl an Beutetieren bleibt also die Individuenzahl der Räuber zunächst gering.

Seite 91 E07

Der Unterschied besteht in der CO_2-Bilanz. Bei der Verbrennung fossiler Brennstoffe wird CO_2 gebildet und gelangt als Abgas in die Luft. Der Kohlendioxid-Gehalt der Atmosphäre steigt. Bei der Verbrennung nachwachsender Rohstoffe ist dies anders. Zwar gelangt auch hier CO_2 in die Luft. In der Wachstumsphase der Pflanzen wird jedoch durch die Fotosynthese das Gas verbraucht und der Atmosphäre entzogen. Der Kohlendioxid-Gehalt der Atmosphäre bleibt im Prinzip konstant.

Seite 94 E08

In unmittelbarer Nähe des Ortes, an dem Stickoxide freigesetzt werden (z. B. Autobahn), ist viel Stickstoffmonoxid (NO) vorhanden, da es ja erst nach und nach zu Stickstoffdioxid (NO_2) umgewandelt wird. Die relativ große Menge an Stickstoffmonoxid führt dazu, dass im Bereich des Verkehrsweges vorhandenes Ozon zersetzt wird – die Ozonkonzentration sinkt. Nachts wirkt auch keine UV-Strahlung ein, die zur Neubildung von Ozon führt.
In Reinluftgebieten ist wenig Stickstoffmonoxid vorhanden, da auf dem Weg dorthin genug Zeit für seine Umwandlung in Stickstoffdioxid zur Verfügung stand. Die Ozon abbauende Reaktion findet deshalb nicht statt.

Glossar

abiotisch	von gr. a = Vorsilbe mit der Bedeutung nicht, ohne und gr. bios = Leben; nicht durch Lebewesen oder biotische Systeme bewirkt
adult	von lat. adultus = ausgewachsen, erwachsen, geschlechtsreif
anthropogen	von gr. anthropos = Mensch und gr. genea = Abstammung, Herkunft; durch menschl. Einwirkungen verursacht
Art	eine Gruppe von Individuen, die in wesentlichen Merkmalen übereinstimmt (typologischer Artbegriff) bzw. Bezeichnung für eine Gruppe sich tatsächlich oder potenziell fortpflanzender natürlicher Populationen, die von anderen Gruppen reproduktiv isoliert sind (reproduktiver Artbegriff)
Atmosphäre	von gr. atmós = Dampf und gr. sphaira = Kugel; die gasförmige Hülle eines Himmelskörpers, speziell die Lufthülle der Erde
Autökologie	von gr. autos = selbst, gr. oikos = Haus und gr. logos = Lehre; der Teilbereich der Ökologie, der sich mit den Umwelteinflüssen auf die Individuen einer Art befasst
Benthal	von gr. benthos = Tiefe; die Bodenregion der Gewässer
Biodiversität (biologische Vielfalt)	von gr. bios = Leben und lat. divergere = auseinander streben; bezeichnet die Summe der gesamten biologischen Variabilität von den Genen über die Arten bis zu den Ökosystemen
Biosphäre	von gr. bios = Leben und gr. sphaira = Himmels-Kugel; Gesamtheit der mit Lebewesen besiedelten Schichten der Erde
biotisch	zu gr. bios = Leben; Vorgänge, deren Abläufe an Lebewesen oder Lebensvorgänge gebunden sind
Biotop	von gr. bios = Leben und gr. topos = Ort, Stelle, Platz; der Lebensraum einer Biozönose
Biozide	von gr. bios = Leben und lat. caedere = töten; Bezeichnung für chemische Stoffe, die Organismen abtöten
Biozönose	von gr. bios = Leben und gr. koinos = gemeinsam; die Lebensgemeinschaft, die den belebten Teil eines Ökosystems ausmacht
Brache	Schonzeit für den Ackerboden, der zur Regeneration der Fruchtbarkeit für meist eine Vegetationsperiode nicht bestellt wird
Club of Rome	informeller Zusammenschluss von Wirtschaftsführern, Politikern und Wissenschaftlern aus über 30 Ländern mit dem Ziel, Ursachen und innere Zusammenhänge der Menschheitsprobleme zu erforschen
Demökologie	von gr. demos = Gebiet, Volk, gr. oikos = Haus und gr. logos = Lehre; der Teilbereich der Ökologie, der die Wechselbeziehungen zwischen artgleichen Lebewesen untersucht

Destruent	von lat. destruere = zerstören; Bezeichnung für einen Organismus, der tote organische Substanz abbaut und mineralisiert (in anorganische Verbindungen zerlegt)
Detergenzien	von lat. detergere = abwischen, reinigen; Stoffe, die die Grenzflächenspannung erniedrigen und u. a. bei Waschprozessen eine Rolle spielen
Diversifikation	Veränderung, Vielfalt
Diversität	von lat. divergere = auseinanderstreben; Bezeichnung für Artenreichtum
Ektoparasit	von gr. ektos = außen, außerhalb und Parasit, gr.-lat. für „Tischgenosse"; ein Schmarotzer, der außerhalb seines Wirtes lebt
Emission	lat. emissio = Aussendung; das Ausströmen oder Ablassen von Stoffen, die die Umwelt verunreinigen
Endoparasit	von gr. endon = innen, drinnen und Parasit, gr.-lat. für „Tischgenosse"; ein Schmarotzer, der innerhalb seines Wirtes lebt
Entomologie	von gr. entomos = eingeschnitten; die Wissenschaft von den Insekten (Kerbtieren)
Epilimnion	gr. epi = auf, darauf, darüber und gr. limnion = kleiner Teich; die warme Oberflächenschicht in Seen
eurytherm	gr. eurys = breit, weit und gr. therme = Wärme; Bezeichnung dafür, dass Organismen beträchtliche Temperaturunterschiede ertragen können
eutroph	zu gr. eu = gut, recht, schön; hier in der Bedeutung überreich und gr. trophe = Nahrung; Bezeichnung für nährstoffreiche Gewässer
Fluktuation	kontinuierliches Wechseln, Schwanken
Gülle	mhd. „Pfütze"; Flüssigmist (flüssiger Stalldünger aus Harn, Kot und reichlich Wasser)
Hemiparasit	gr. hemisys = halb und Parasit, gr.-lat. für „Tischgenosse"; Pflanzen, die zwar selbst Fotosynthese betreiben können, ihren Wasser- und Mineralsalzbedarf jedoch über den Wirt decken
Holoparasit	gr. holos = ganz und Parasit, gr.-lat. für „Tischgenosse"; Lebewesen mit völlig heterotrophem Stoffwechsel, die ihre Nährstoffe dem Wirtsorganismus entnehmen
homoiotherm	gr. homoios = gleichartig und gr. therme = Wärme; Tiere, die ihre Körpertemperatur konstant halten können, sind homoiotherm
Hygrophyt	gr. hygro = nass, feucht und gr. phyton = Pflanze; Bezeichnung für Landpflanzen, die an Standorten mit ständig hoher Feuchtigkeit wachsen
Hypolimnion	gr. hypo = unter, unterhalb und gr. limnion = kleiner Teich; die Tiefenschicht stehender Gewässer

interspezifische Konkurrenz	von lat. inter = zwischen, unter und species = Art; Konkurrenz zwischen unterschiedlichen Arten
intraspezifische Konkurrenz	von lat. intra = innerhalb und species = Art; Konkurrenz innerhalb einer Art
Kapazitätsgrenze	von lat. capacitas = Fassungsvermögen; bezeichnet in diesem Zusammenhang die Grenze des Fassungsvermögens eines Ökosystems für eine bestimmte Organismenart
Klimax (die)	der Zustand, in dem Tiere und Pflanzen und andere Organismen eine stabile Lebensgemeinschaft entwickelt haben, die bestehen bleibt, solange die klimatischen Verhältnisse konstant bleiben
Litoral (das)	von lat. litus, litoris = Küste; der Uferbereich der Gewässer
mesosaprob	von gr. mesos = Mitte und gr. sapros = faul, verfault; bezeichnet stark bis mäßig verunreinigtes Wasser
Metalimnion	von gr. meta = inmitten, zwischen und gr. limnion = kleiner Teich; die Schicht stehender Gewässer, in der die Temperatur vertikal sprunghaft abfällt
Mykorrhiza	von gr. mykes = Pilz und gr. rhiza = Wurzel; die Symbiose zwischen den Wurzeln höherer Pflanzen und Pilzen
Ökologie	von gr. oikos = Haus und gr. logos = Lehre; die Wissenschaft, die sich mit den Wechselbeziehungen zwischen den Organismen und ihrer Umwelt befasst
oligosaprob	von gr. oligos = wenig, gering und gr. sapros = faul, verfault; bezeichnet gering verunreinigtes Wasser
oligotroph	von gr. oligos = wenig, gering und gr. trophe = Nahrung; bezeichnet nährstoffarme Gewässer
Ornithologie	von gr. ornis, ornithos = Vogel und gr. logos = Lehre; die Vogelkunde
Parasitismus	zu Parasit, gr.-lat. für „Tischgenosse"; Bezeichnung für das Zusammenleben von Angehörigen zweier Arten, wobei der eine Partner als Parasit (Schmarotzer) einseitig auf Kosten des anderen Partners, des Wirtes, lebt
Pelagial (das)	von gr. pelagos = offene See; die Zone freien Wassers im Meer oder in Seen
Pessimum	von lat. pessimus = der Schlechteste; bezeichnet ungünstige Lebensbedingungen für Pflanze oder Tier
Pestizide	von lat. pestis = Seuche, Pest und lat. caedere = töten; chemische Stoffe, die Organismen abtöten
pH-Wert	pH = Abkürzung für **p**otentia **h**ydrogenii; Maßzahl für die in Lösungen enthaltene Wasserstoffionenkonzentration, d. h. für den sauren, neutralen oder basischen Charakter einer Lösung. Lösungen mit pH-Wert < 3 sind stark, mit pH-Wert zwischen 3 und 7 schwach sauer. Lösungen mit pH-Wert > 11 sind stark, mit pH-Wert zwischen 7 und 11 schwach basisch

Pheromon	von gr. pherein = tragen, bringen; ein hormonähnlicher Wirkstoff, der von einem Lebewesen nach außen abgegeben wird und andere Individuen derselben Art beeinflusst
Phytoplankton	gr. phyton = Pflanze und gr. plankton = „Umhertreibendes"; die pflanzlichen Lebewesen des Planktons
Plankton	gr. „Umhertreibendes"; die Gesamtheit der im Wasser schwebenden pflanzlichen und tierlichen Lebewesen, die über keine oder nur eine geringfügige Eigenbewegung verfügen
poikilotherm	gr. poikilos = veränderlich, verschiedenartig und gr. therme = Wärme; Tiere, die nicht in der Lage sind, ihre Körpertemperatur konstant zu halten, nennt man poikilotherm
polysaprob	gr. polys = viel, häufig und gr. sapros = faul, verfault; bezeichnet übermäßig verunreinigtes Wasser
Populationsökologie	von spätlat. populatio = Bevölkerung, gr. oikos = Haus und gr. logos = Lehre; der Teilbereich der Ökologie, der die Wechselbeziehungen zwischen artgleichen Lebewesen untersucht
ppm	parts per million, 1 Teil auf 1 Million Teile
Profundal	lat. profundus = tief; die tiefe Bodenzone der Seen
Reduzent	von lat. reducere = zurückführen; andere Bezeichnung für Destruent
Remineralisation	von lat. re = zurück, wieder und lat. (aes) minerale = Erzgestein; der Abbau organischer Stoffe bis zur Stufe der anorganischen (mineralischen) Verbindungen
resistent	von lat. resistere = widerstehen; Bezeichnung dafür, dass Organismen widerstandsfähig gegen äußere Einwirkungen sind
Saprobien	von gr. sapros = faul, verfault; mikrobielle Leitorganismen (v.a. Pilze, Bakterien und niedere Algen) zur Beurteilung der Gewässergüte
stationär	lat. stationarius = zum Standort gehörig; etwas an einen festen Standort Gebundenes
stenotherm	gr. stenos = eng und gr. therme = Wärme; Bezeichnung dafür, dass Organismen empfindlich auf Temperaturschwankungen reagieren
Streue	Sammelbezeichnung für auf dem Boden liegendes Falllaub, Äste, Früchte usw.
Sukzession	lat. successio = Nachfolge; Bezeichnung für die typische Abfolge von Lebensgemeinschaften in der zeitlichen Veränderung eines Ökosystems
Sulfolobus	von lat. sulfur = Schwefel und lat. lobus = Lappen
Symbiose	gr. „das Zusammenleben"; Bezeichnung für das Zusammenleben von Angehörigen zweier aneinander angepasster Arten zum gegenseitigen Nutzen

Synökologie	gr. syn = zusammen, mit, zugleich, gr. oikos = Haus und gr. logos = Lehre; Bezeichnung für den Teilbereich der Ökologie, der sich mit den Beziehungen von verschiedenen Populationen untereinander beschäftigt
temporär	lat. tempus, temporis = Zeit; etwas zeitweilig Auftretendes
toxisch	zu gr. toxikon = Pfeilgift; Fachbegriff für giftig
Transpiration	von lat. transpirare = etwa „durch-atmen, -hauchen"; Schwitzen; bei Pflanzen: Verdunstung von Wasser durch Abgabe von Wasserdampf über die Spaltöffnungen der Blätter
Trophieebene	von gr. trophe = Nahrung; die verschiedenen Nahrungsebenen in Ökosystemen
Xerophyt	gr. xeros = trocken und gr. phyton = Pflanze; eine Pflanze, die an extrem trockenem Standort wächst

Register

F

G

H

I

K

L

M

N